1909

Vom Außensteuer-Bus mit Kettenantrieb und Vollgummi-Reifen zur nüchternen Zweck-Linie aus Leichtmetall.

From an open-drive bus with chain transmission and all-rubber tyres to the sober utility shape made from light-weight metal.

1939

kohlhammer
edition auto & verkehr

Ralf J. F. Kieselbach

Stromlinienbusse in Deutschland

Aerodynamik im Nutzfahrzeugbau 1931 bis 1961

Aerodynamically Designed
Commercial Vehicles 1931–1961
built on the chassis of:
Daimler Benz, Krupp, Opel, Ford ...

With colour illustrations
from Europe and the USA

kohlhammer edition auto & verkehr

CIP-Kurztitelaufnahme der Deutschen Bibliothek

Kieselbach, Ralf J. F.:
Stromlinienbusse in Deutschland:
Aerodynamik im Nutzfahrzeugbau 1931–1961;
built on the chassis of: Daimler Benz, Krupp, Opel, Ford ...;
with colour ill. from Europe and the USA /
Ralf J. F. Kieselbach. [Übers. von Iris Blum u. G. C. Pearson]. –
Stuttgart; Berlin; Köln; Mainz: Kohlhammer, 1983.
(Kohlhammer-Edition Auto & Verkehr)
ISBN 3-17-007930-1

Schutzumschlag:
Nach einer Entwurfszeichnung von Walter Zeeden
für den Krauss-Maffei-Leichtbus, 1951.

Cover design: Drawing by Walter Zeeden
for a light-weight bus, built by
Krauss-Maffei of Munich, Germany, 1951.

Übersetzt von
Translated by Iris Blum und Dr. G. C. Pearson

Verlagsort: Stuttgart
Gesamtherstellung: W. Kohlhammer GmbH + Co. Stuttgart
Printed in Germany

INHALT
CONTENTS

Bedeutend. Werk d. Kraftfahrzeugbaues

sucht zum baldigen Eintritt in ausbaufähige Stellung einen **Ingenieur** als

Omnibus-Konstrukteur

mit langjährigen Erfahrungen in der Konstruktion und Entwicklung von modernen Omnibusaufbauten. Herren mit Kenntnissen auf dem Gebiete der selbsttragenden Omnibusbauweise, welche auch über den Stand der ausländischen Konstruktionen unterrichtet sind, werden bevorzugt. Erwünscht sind ausreichende Kenntnisse der i. Omnibusbau vorkommenden Werkstoffe und Herstellungsverfahren. Herren mit entsprechender Eignung und freudigem zielbewußten Arbeitseinsatz bietet sich interessante und selbständige Stellung.

Ausführliche Bewerbung mit eingehender Schilderung der bisherigen Tätigkeit auf dem genannten Arbeitsgebiete, handgeschriebenem Lebenslauf, Zeugnisabschriften, Lichtbild, Angabe von Empfehlungen, Gehaltsanspruch und Angabe des frühesten Eintrittstermines unter **Bln. 126** an **Ala Anzeigen - Aktiengesellschaft, Berlin, W 35,** Potsdamer Straße 68.

Stahlgerippe für Omnibus- u. Lieferwagen-Karosserien

in modernsten Formen nach Patent-Arquint

Traugott Golde, Aktien-Gesellschaft **Gera**

Jüngerer

Techniker

mit Erfahrung im Bau von Stahl-Omnibussen zum sofortig. Eintritt gesucht.

Chr. Auer

Karosseriefabrik GmbH.,

Stuttgart-Bad Cannstatt

Stahl-Omnibus-Bau

Wir suchen einen in jeder Beziehung versierten

Konstrukteur

der an selbständiges Arbeiten gewöhnt ist und insbesondere große Erfahrungen in Konstruktion, Zeichnungen, Stücklisten und Arbeitsvorbereitungen hat.

Ausführliche Offerte mit Bild nur von erstkl. Fachleuten erbeten an **FKF-Werke, Abt. Omnibus-Bau, Frankfurt/Main,** Rebstöckerstr. 57/59, Tel. 75 578.

Omnibuskarosserien

Firmen, welche für den **Berliner Platz** als Lieferanten interessiert sind oder **Neuheiten** aufzunehmen wünschen, werden gebeten, zwecks umfassender Darstellung der **Vorteile** mir Nachricht zu geben.

Oskar Bergmann, Spezialist f. strömungskorrekte Karosserien seit 1911. Begründer des Stromliniensystems. **Anschrift Berlin S 42, Gitschinerstraße 81.**

Zur Vervollständigung einer Abhandlung **„Deutsche Vorgeschichte des Stromliniensystems"** sind Beiträge (Klischees, Skizzen, Abbildungen) der **ersten Versuche**, die Form dem Luftwiderstand **anzupassen**, erwünscht.

Jüngerer

Karosserie-Techniker

zur Anfertigung von Plan- und Ansichtszeichnungen für Lieferwagen- und Omnibusaufbauten per bald gesucht.

Angebote mit Lebenslauf, Zeugnisabschriften und Gehaltsansprüchen, an

Paul Robert Müller

Wagen- und Karosseriebau

Breslau 21, Gräbscherer Straße 281

Job Vacancies in the coachbuilding scene of Germany between 1935–1939.

Perfekte

Konstrukteure

für Plan- und Werkstattzeichnungen, für unseren Omnibusbau,

gesucht.

Bewerber werden gebeten, uns Lebenslauf, Zeugnisabschriften, Gehaltsansprüche und Lichtbild einzureichen.

Absolventen der Staatl. Wagenbauschule Hamburg werden bevorzugt.

Büssing-NAG

Vereinigte Nutzkraftwagen A. G.

Werk Osten, Elbing

ALLE BESCHLÄGE

für den Bau von

Omnibussen, Personenwagen, Lieferwagen und Anhängern

für Aufbau u. Fahrgestell liefert preiswert u. schnell

Gebr. Titgemeyer, Osnabrück

Fernsprecher 3787

Bei Bedarf verlange man unseren **neuen** Katalog!

Karosserie-Techniker

für den Omnibusbau, in Holz- und Stahlkonstruktion, von Berliner Industriewerk sofort gesucht. Angebote mit Zeugnisabschriften und Gehaltsanspruch unter W. W. 3746 an die Exp. ds. Bl.

EINLEITUNG
INTRODUCTION

Dieses Buch hätte statt seines Titels »Stromlinienbusse in Deutschland« ebensogut und mit voller Berechtigung »Geschichte des Schnellverkehrs auf den deutschen Autobahnen« heißen können, denn die wesentlichen Impulse zur Einführung dieser neuen, strömungsgünstigen Formen bei Bussen gingen von der Erstellung bisher unüblicher, kreuzungsfreier Schnellstrecken ohne Gegenverkehr aus, den sogenannten »Autobahnen«, Highways, Motorways, Autostrada oder Autoroute im Ausland genannt.
Gemeinhin gilt die Idee einer solchen Special-Straße als alleinige Idee einer Partei, die sich im Deutschland der frühen dreißiger Jahre die Macht erworben hatte.
Es darf angenommen werden, daß die damaligen Machthaber mit diesen Schnellverkehrswegen langfristig ein Transportkonzept für evtl. militärische Auseinandersetzungen schaffen wollten.

The title of this book could just as well have been "History of high-speed traffic on the German Motorways" instead of "Streamline Buses in Germany"! The development of these new, streamline shapes in buses was sparked off by the construction of the express roadway system which eliminated crossings and oncoming traffic, the so-called "Autobahnen" known in other countries as highways, motorways, autostrada or autoroutes.
Generally the concept of such special roads is ascribed to a political party, which came to power in Germany during the early thirties. It is probable that the long-term goal was the creation of a high-speed transport system for future military purposes.
The idea for such a traffic system had earlier roots however in a private group, the HAFRABA (abbreviation for Hamburg–Frankfurt–Basel), a name that aptly describes the purpose this society had in mind. From

Das „Autobahn=Kraftfahrzeug" wird kommen!

Wir haben in den letzten Ausgaben unserer Zeitung und auch in dem ersten Teil dieser Ausgabe sowohl die Techniker als auch die Wissenschaftler über das zukünftige **„Autobahnkraftfahrzeug"** zu Worte kommen lassen. Wir sind der Überzeugung, daß die Reichsautobahnen nicht nur einen neuen Zeitabschnitt im Verkehr, sondern auch eine **neue Ära im Automobilbau** einleiten. Gerade der Autoindustrie, einem wichtigen Teil unserer deutschen Wirtschaft, nimmt sich die Reichsregierung, besonders der Führer **Adolf Hitler,** eifrig an. Der Kreislauf zwischen Verkehrsmittel und Verkehrsbasis kann nun, da alle günstigen Grundlagen geschaffen werden, bis zur höchsten Vollendung ansteigen. Jedes wichtige Verkehrsmittel verlangt eine besondere Verkehrsbasis, aber jede Verbesserung dieser Verkehrsbasis bedingt auch eine Verbesserung der dafür bestimmten Verkehrsmittel, die wiederum mit dem Grade ihrer Qualitätssteigerung erneute Angleichung der Verkehrsbasis verlangen.

Wir haben die deutsche Autoindustrie gebeten, uns mitzuteilen, in welcher Weise sie sich in ihrer modernen Autokonstruktion auf die Belange der zukünftigen Reichsautobahnen einstellt. Im nachstehenden beginnen wir mit den ersten Antworten auf unsere Umfrage und werden auch über die weiteren Ergebnisse laufend berichten. Wir wissen, daß auf diesem Gebiete noch unendlich viel zu tun ist. Aber wir wissen auch,

daß die deutsche Autoindustrie rastlos bestrebt ist, ihrem Namen in aller Welt den Ruf zu erringen, der ihr vor allen anderen Völkern gebührt. Und der Bau der Reichsautobahnen stellt sie vor eine große, bedeutungsvolle und für die deutsche Wirtschaft unendlich wertvolle Aufgabe. Die Schriftleitung.

Weniger bekannt dürfte es sein, daß die Anregung zu einer solchen Art von Schnellstraßen der Initiative einer privaten Gruppe entsprang, der sogenannten HAFRABA (abgekürzt für HAMBURG – FRANKFURT – BASEL), womit schon der Leitgedanke dieser Gesellschaft umrissen war. Der eingetragene Verein mit Sitz in der Geschäftsmetropole Frankfurt setzte sich seit seiner Gründung im Jahre 1926 für eine reine Autostraßenverbindung zwischen dem Norden und dem Süden Deutschlands ein.
Durch Publikationen wie sein Mitteilungsblatt wurde für die Schnellstraßenidee geworben, ohne daß ein effektiver Erfolg in der wirtschaftlich schwachen Zeit möglich war.
Ähnliche Schnellverkehrsideen hatte auch die 1924 gegründete Gesellschaft für Verkehrstechnik, deren Initiator der Ingenieur Frank Kruckenberg war. Kruckenberg wollte Fernverbindungen in Deutschland durch ein Einschienen-Hängeschnellbahnnetz schaffen. Die propellergetriebenen Züge waren in Stromlinienform projektiert.
Die Anregung für die HAFRABA-Idee scheint aus Italien gekommen zu sein, nachdem schon 1923 Varese und Como durch Schnellstraßen mit Mailand und Bergamo verbunden wurden.
Der von den Nationalsozialisten aufgegriffene Schnellstraßen-Vorschlag resultierte im »Gesetz über Errichtung eines Unternehmens Reichsautobahnen« vom Juni 1933.
Ein Straßennetz von 7000 Kilometern Länge wurde geplant. Umfangreiche Vorarbeiten dienten beispielsweise dazu, die möglichen Kurvenradien bei schneller Fahrt festzulegen. Dazu wurde Deutschlands damals schnellster Sportwagen, ein Mercedes SSK, ausersehen. Ein Exemplar wurde mit einer aerodynamisch verbesserten Karosserie versehen, und auf die Testfahrten geschickt.

1926 onwards this registered association, based in the commercial metropolis of Frankfurt, propagated the idea of a comprehensive road system linking the North and South of Germany. The association's newspaper publicised its motorway concept extensively, but the weak economy at that time showed an equally weak response.
Another association, the Gesellschaft für Verkehrstechnik, founded in 1924 by Franz Kruckenberg, supported a similar high-speed transportation concept. Kruckenberg's idea however centred around a suspended monorail system with propeller-driven streamline trains.
In 1923 an express road was completed in Italy, which connected Varese and Como with Mailand and Bergamo. This is probably where HAFRABA first became acquainted with the concept.
The National Socialists took over the plan and passed a law concerning the "construction of the Reichs Autobahn" in June 1933.
A road network totalling some 7000 km was planned.
Extensive experimental work was done to determine such factors as for example the radius of corners. Germany's fastest sports car of the time, the Mercedes SSK, was chosen for this purpose and one was fitted with an aerodynamically designed body for the tests.
By 1935 the first sections were completed and opened to traffic.
The Stufa (Studiengesellschaft für Automobil Straßenbau e.V.) from Berlin (founded in 1924) was another pioneer of the idea and had planned a road system of 22 500 km. Both these associations lost their independent standing after the take-over of power in 1933, the National Socialists claimed the "Autobahn" ideas as their own.
Before 1933 only one road in Germany had been built along the lines of a motorway. This was a four lane high-speed road between Cologne and Bonn which was opened for automobile use only on 6th August 1932.

Die deutschen Reichs-Autobahnen. Der Stand des Baues am 1. Februar

Motorways in Germany, 1937.

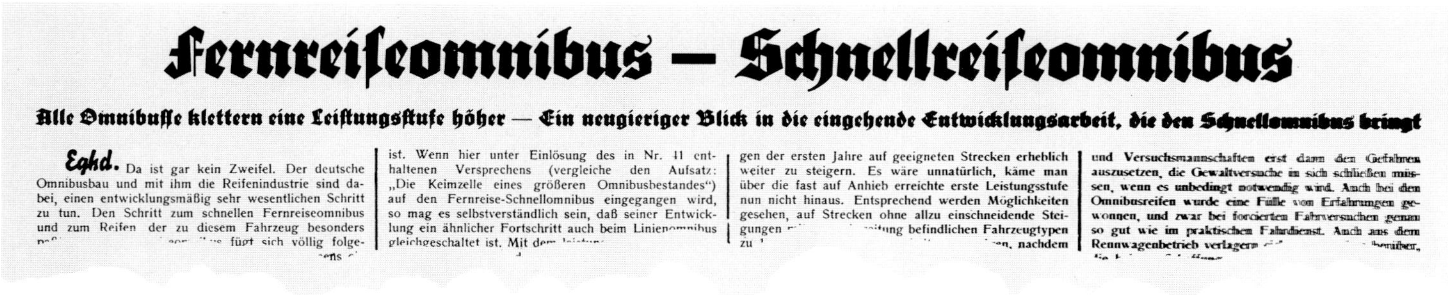

Fernreiseomnibus – Schnellreiseomnibus

Alle Omnibusse klettern eine Leistungsstufe höher — Ein neugieriger Blick in die eingehende Entwicklungsarbeit, die den Schnellomnibus bringt

Eghd. Da ist gar kein Zweifel. Der deutsche Omnibusbau und mit ihm die Reifenindustrie sind dabei, einen entwicklungsmäßig sehr wesentlichen Schritt zu tun. Den Schritt zum schnellen Fernreiseomnibus und zum Reifen der zu diesem Fahrzeug besonders [illegible] fügt sich völlig folge- [illegible] ist. Wenn hier unter Einlösung des in Nr. 41 enthaltenen Versprechens (vergleiche den Aufsatz: „Die Keimzelle eines größeren Omnibusbestandes") auf den Fernreise-Schnellomnibus eingegangen wird, so mag es selbstverständlich sein, daß seiner Entwicklung ein ähnlicher Fortschritt auch beim Linienomnibus gleichgeschaltet ist. Mit dem [illegible] gen der ersten Jahre auf geeigneten Strecken erheblich weiter zu steigern. Es wäre unnatürlich, käme man über die fast auf Anhieb erreichte erste Leistungsstufe nun nicht hinaus. Entsprechend werden Möglichkeiten gesehen, auf Strecken ohne allzu einschneidende Steigungen [illegible] befindlichen Fahrzeugtypen zu [illegible], nachdem und Versuchsmannschaften erst dann den Gefahren auszusetzen, die Gewaltversuche in sich schließen müssen, wenn es unbedingt notwendig wird. Auch bei dem Omnibusreifen wurde eine Fülle von Erfahrungen gewonnen, und zwar bei forcierten Fahrversuchen genau so gut wie im praktischen Fahrdienst. Auch aus dem Rennwagenbetrieb verlagern [illegible]

1935 konnten die ersten 3 Teilstrecken fertiggestellt und dem Verkehr übergeben werden.

Eine weitere Vorläufergesellschaft war die Stufa (Studiengesellschaft für Automobil-Straßenbau e. V.) mit Sitz in Berlin, schon 1924 gegründet. Sie hatte ein Fernstraßennetz von insgesamt 22 500 km Länge geplant. Beide Gesellschaften verloren nach der Machtübernahme 1933 ihre Eigenständigkeit, schließlich sollte die »Autobahn« die alleinige Idee der Nationalsozialisten sein.

Eine einzige Straße im Sinne der Autobahnen, nämlich als vierspurige Schnellstraße nur für Automobile konzipiert, wurde vor 1933 errichtet. Das war die Schnellstraße von Köln nach Bonn, am 6. August 1932 als »Kraftwagenstraße Köln – Bonn« im Beisein des damaligen Kölner Oberbürgermeisters Konrad Adenauer für den Verkehr freigegeben.

Diese frühe Autobahnstrecke wurde nach 1933 zur »Landstraße erster Ordnung Nr. 185« degradiert ...

»Nahezu 4 Jahre sind verstrichen, seit die Schnellreisewagen der Deutschen Reichsbahn zum erstenmal über das glitzernde Band der Reichsautobahnen dahinjagten und Fahrgäste von Frankfurt a. M. nach Darmstadt brachten ... Die Rückkehr zur Form des Reisens auf der Straße ist ein Zeichen unserer Zeit, eine Tatsache, mit der gerechnet werden muß.«

Soweit die zeitgenössische Sicht der Verkehrstechniker (1939).

Die Deutsche Reichsbahn als Trägergesellschaft der Autobahnen war gezwungen, der Industrie vielfältige Anreize zur Belebung der Omnibusherstellung und zur Schaffung eines autobahnfesten Schnellbus-Standardtyps zu geben.

Einen ausgesprochenen Schnellreiseverkehr mit Omnibussen gab es ja bis 1935 nicht. Auf den damaligen schlechten Landstraßen ließ sich kaum ein günstiger Reisedurchschnitt fahren, und die Durchquerung der (damals noch) winkligen deutschen Kleinstädte war für 2- oder gar 3achsige Omnibusse nicht ganz einfach.

Ein Reiseverkehr nach Fahrplan, ähnlich wie bei der Deutschen Reichsbahn, konnte nur geschaffen werden, wenn ein Generalunternehmer Fahrzeuge nach Maß besaß.

Um strömungsgünstige, und damit schnellere Busse überhaupt bauen zu können, mußte der Chassishersteller oder der Karosseriebauer (Ober- und Unterbau eines Busses wurden damals wie heute von verschiedenen Herstellern geliefert) eine Patentlizenz von der Aktiengesellschaft für Verkehrspatente in Luzern ankaufen. Dort wohnte seit 1923 Paul Jaray, geboren in Wien, der deutsche und internationale Patente auf den sogenannten »Stromlinienwagen« hielt. Jaray stammte aus dem Luftschiffbau, woher er wohl auch die Anregung für seine grundlegenden Patente bekommen haben mag.

Eine sehr weitsichtige Firma hatte sich schon 1933 um eine Lizenz bemüht, das war die Daimler-Benz AG, Werk Sindelfingen.

1935 war das Daimlersche Schnellfahrprodukt fertiggestellt und konnte auf der 100-Jahr-Feier der Deutschen Reichsbahn in Nürnberg anläßlich einer Fahrzeugparade vorgestellt werden: Ein Bus ohne Haube, mit

The mayor of Cologne at the time, Konrad Adenauer, attended the opening ceremony of this "Kraftwagenstraße Köln–Bonn". After 1933 this early motorway was degraded to a "country road of the first order No. 185 ..."

"It is already 4 years since the first express coaches of the German Railways sped along the glittering band of the Reichs motorways and transported passengers from Frankfurt to Darmstadt. The return to travelling by road is a sign of the times, a fact that will have to be accepted." This was the view of traffic specialists in 1939.

The German Railways, as sponsor of the motorways, was forced to interest industry in the manufacturing of buses and the development of a standardised express coach.

An express coach service as such did not exist until 1935. The country roads were in bad condition and did not permit particularly high speeds, nor were the villages with their windy roads easily accessible to two or even three-axle buses.

A scheduled transport system comparable to that of the German Railways was only feasible, if a large undertaker had special vehicles.

To be able to incorporate streamline features in their buses to make them faster, coachwork and chassis builders (the upper and lower parts were built separately as they still are today) had to acquire a licence from the "Aktiengesellschaft für Verkehrspatente" in Lucerne. Paul Jaray (born in Vienna), holder of German and international patents for so-called "streamline vehicles" had moved to Lucerne in 1923. He had started his career in airship construction which formed the foundation for his later ideas, which he patented.

One firm with a lot of foresight, namely Daimler Benz AG, Sindelfingen division, had applied for a licence as early as 1933. It completed its high-speed vehicle by 1935 and presented it on a commercial vehicle parade at the 100th anniversary of the German Railways in Nuremberg. It was a front engined bonnetless bus with the so-called "trambus" shape and was employed for scheduled transport shortly afterwards. Its top speed was 115 km/h.

With the opening of the motorways many applications were made for streamline licences. Other firms started to design their own streamline versions of touring coaches. The firm of the brothers Ludewig (Essen) for example had already in 1934 developed its own design, the "Aero" bus. The German Railways employed this bus for a number of years after the advent of the motorway coach service.

Ludewig's body with its conventional bonnet was remarkably low slung due to a very individualistic construction feature.

The bus was further improved in the following years but the railways did not place orders for the updated versions.

It had come to realise that these carburettor-type vehicles did not meet the specified requirements and, instead, a standardised body which could be fitted to a range of chassis was commissioned. A 95 hp diesel engine was to provide the necessary power but was found to be incapable of maintaining good average travelling speeds, especially on difficult

überbautem Frontmotor, ausgeführt in der sogenannten Trambusform, wie diese neue Linie damals genannt wurde. Dieses bald darauf im fahrplanmäßigen Schnellverkehr eingesetzte Fahrzeug erreichte immerhin 115 km/h Höchstgeschwindigkeit.
Die Eröffnung der ersten Autobahn-Strecken zog etliche Lizenzanfragen von Karosseriefirmen und Chassisherstellern nach sich. Entsprechend begannen weitere Firmen mit der Konstruktion von strömungsgünstigen Reisebussen. Die Essener Firma der Brüder Ludewig hatte sich schon 1934 durch einen Reisedienst mit selbstentworfenen »Aero«-Bussen bekanntgemacht. In den ersten Jahren des Omnibus-Verkehrs auf den Autobahnstrecken wurde dieser Bus auch von der Reichsbahn eingesetzt.
Ludewig hatte seine Haubenkarosserie noch in völlig ungewohnter, niederer Linie dank eines eigenwilligen Konstruktionsverfahrens aufgebaut.
In den folgenden Jahren wurde dieser Omnibustyp zwar weiter formal verbessert, aber nicht mehr von der Reichsbahn eingesetzt.
Es hatte sich nämlich die Erkenntnis durchgesetzt, daß diese mit einem Vergasermotor ausgerüsteten Fahrzeuge zu schwach für die gestellten Anforderungen waren.
Als Konsequenz ließ die Reichsbahn eine Standardkarosserie entwerfen, die in weitgehend identischer Form auf Chassis unterschiedlichster Hersteller gebaut wurde.
Dabei kamen Dieselmotoren, zuerst von etwa 95 PS Leistung, zum Zuge. Wie sich im Betrieb zeigte, reichte auch diese Leistung in Verbindung mit den relativ strömungsgünstigen Standardaufbauten nicht für die Erzielung hoher Reisedurchschnitte bei schwierigen Streckenverhältnissen aus, so daß eine Leistungsanhebung auf mindestens 150 PS gefordert wurde.

roads. The required output was therefore increased to 150 hp. The planned average speed was to lie between 70 and 80 km/h.
The road network was vastly extended and travellers were put in a position to choose between either trains or buses on one and the same ticket. District and combination tickets as well as special Sunday passes all became part of a co-ordinated scheme between rail and motorway transport.
The creation of long distance routes sparked off competition between the railway and road transport. Travelling speeds were increased from 73 km/h to 100 (105) km/h which exceeded railway averages. The schedules were expanded to such a degree that for example the route Frankfurt to Karlsruhe was covered no fewer than twelve times daily in both directions.
Touring coaches were fitted with the latest mod-cons, e.g. a substitute bus could be called telephonically during a breakdown. All buses were fitted with telephones which could be connected to the main telephone networks every few kilometres. Furthermore they contained tachographs, brake pressure manometers for the main air reservoir and brake cylinders, cooling water temperature gauges, petrol gauge, oil pressure gauge etc.
The mechanical brake system of the standard truck chassis could not cope with the high speeds and a pneumatic i.e. vacuum operated hydraulic braking system was adopted which was capable of bringing a bus to rest at the rate of 4–4,5 m/s^2. The gearboxes which were initially of the four-speed non-synchromesh type with extra overdrive had by 1939 been replaced in some vehicles by Maybach seven-speed semi-automatic transmissions.
The lay-bys along the motorways were constructed so as to minimize stopping time. "Eating" and sleeping facilities were also contemplated

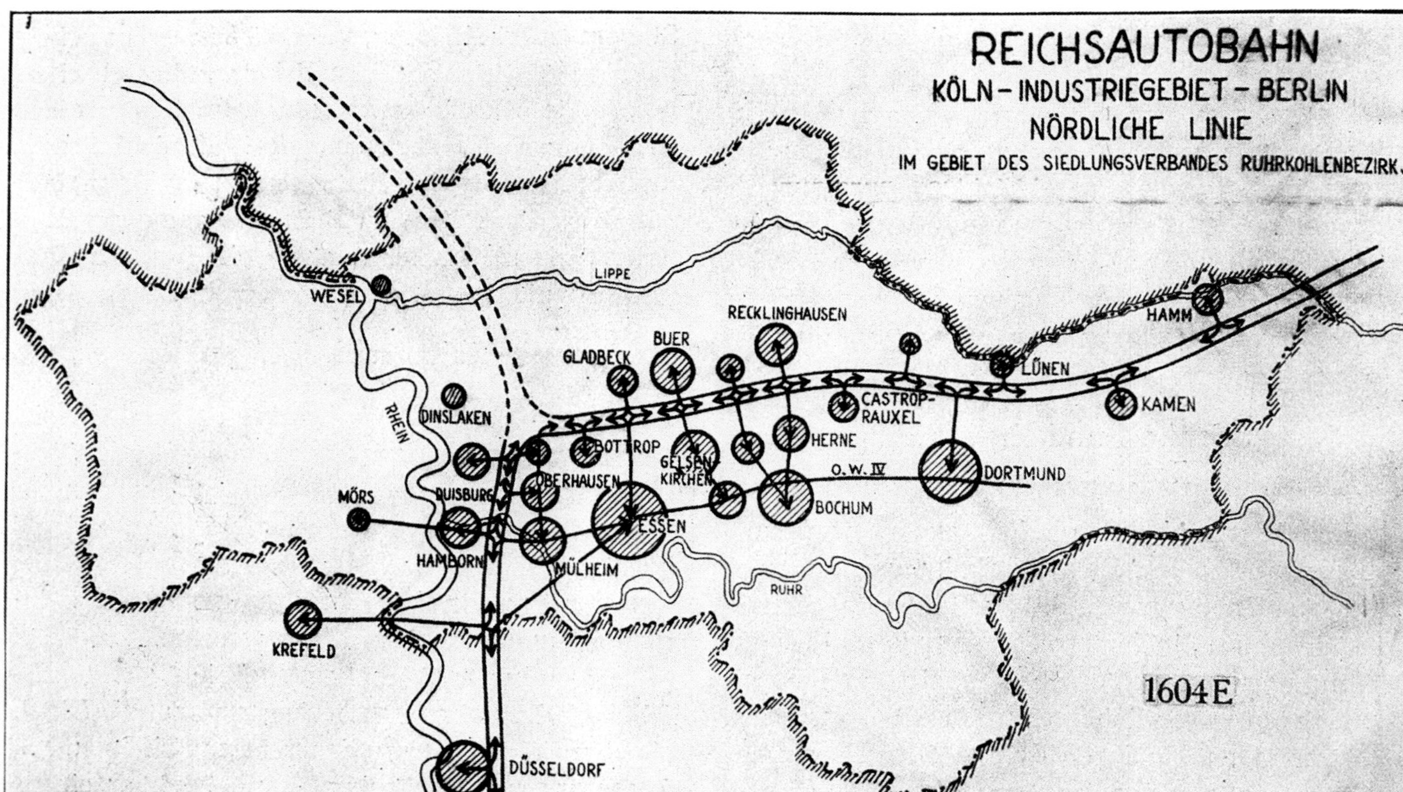

Alle nördlich der Ruhr liegenden Industriestädte des Ruhrgebietes werden durch Stichstraßen mit der Autobahnlinie Köln–Berlin verbunden.

All north of the "Ruhr" situated industrial towns of the "Ruhrgebiet" were connected with the highway Köln–Berlin.

Ursprünglich war man davon ausgegangen, daß eine Reisegeschwindigkeit von etwa 70 bis 80 km/h erreicht werden sollte.
Die beträchtliche Erweiterung des Streckennetzes, die Möglichkeit des Übergangs von der Schiene auf die Straße mit einer Eisenbahnkarte, die Zulassung von Bezirks- und Netzkarten und die Einführung der Sonntagskarte bedeutete die Anpassung des Autobahnfahrplanes an vorhandene Zuganschlüsse.
Durch Schaffung von Langstrecken mußte man notgedrungen in Konkurrenz zur Schiene treten. Die Reisegeschwindigkeit konnte von anfangs etwa 73 km/h auf etwa 100 bis 105 km/h gesteigert werden, was den Durchschnitt der Zugverbindungen sogar noch übertraf. Das Fahrplannetz wurde bis 1939 so verdichtet, daß beispielsweise die Strecke Frankfurt a. M. – Karlsruhe täglich 12mal in beiden Richtungen bedient wurde.
Die Reisebusse waren für ihren Verwendungszweck optimal ausgerüstet, z. B. konnte bei Ausfall eines Fahrzeuges ein Ersatzbus durch sofortige telefonische Anforderung herbeigerufen werden. Alle Omnibusse hatten tragbare Telefonausrüstungen erhalten, die in Kilometerabständen an das Netz angeschaltet werden konnten. Ein Tachograph (Zeitwegschreiber) war eingebaut, außerdem gab es Bremsdruckmano-

for the buses in 1939, but only realised after the war. A visit to a major touring bus junction in 1981 showed that sleeping facilities, bar and food services with refrigerators and toilets on board are quite commonplace. The "mobile" toilet is an invention of 1938 according to a patent ...
It is clear to see that the "Reichsbahn" had co-operated with transport specialists in developing their transport system, bus terminals were conveniently located to facilitate connections between long distance travel and local urban transport.
The German technical press often made reference to this well co-ordinated system of road and rail transport. Magazine titles like "Die Straße", or "Die Autobahn" reflect the predominance that the road traffic concept played at the time in technical literature.
Several model bus bodies were tested in the windtunnel of such renowned institutes as the TH (technical university) of Berlin, FKFS or Flugtechnisches Institut der TH Stuttgart but only a few were shaped entirely in accordance with aerodynamic principles.
The bodies of the standard bonnet-type bus were rounded and had covered wheel arches, but the all-important aerodynamic details were usually disregarded. Window rims, protruding door handles and, especially, uncovered underbodies were the main problems.

1 Ein eleganter Trambus. **1** An elegant trambus.

1

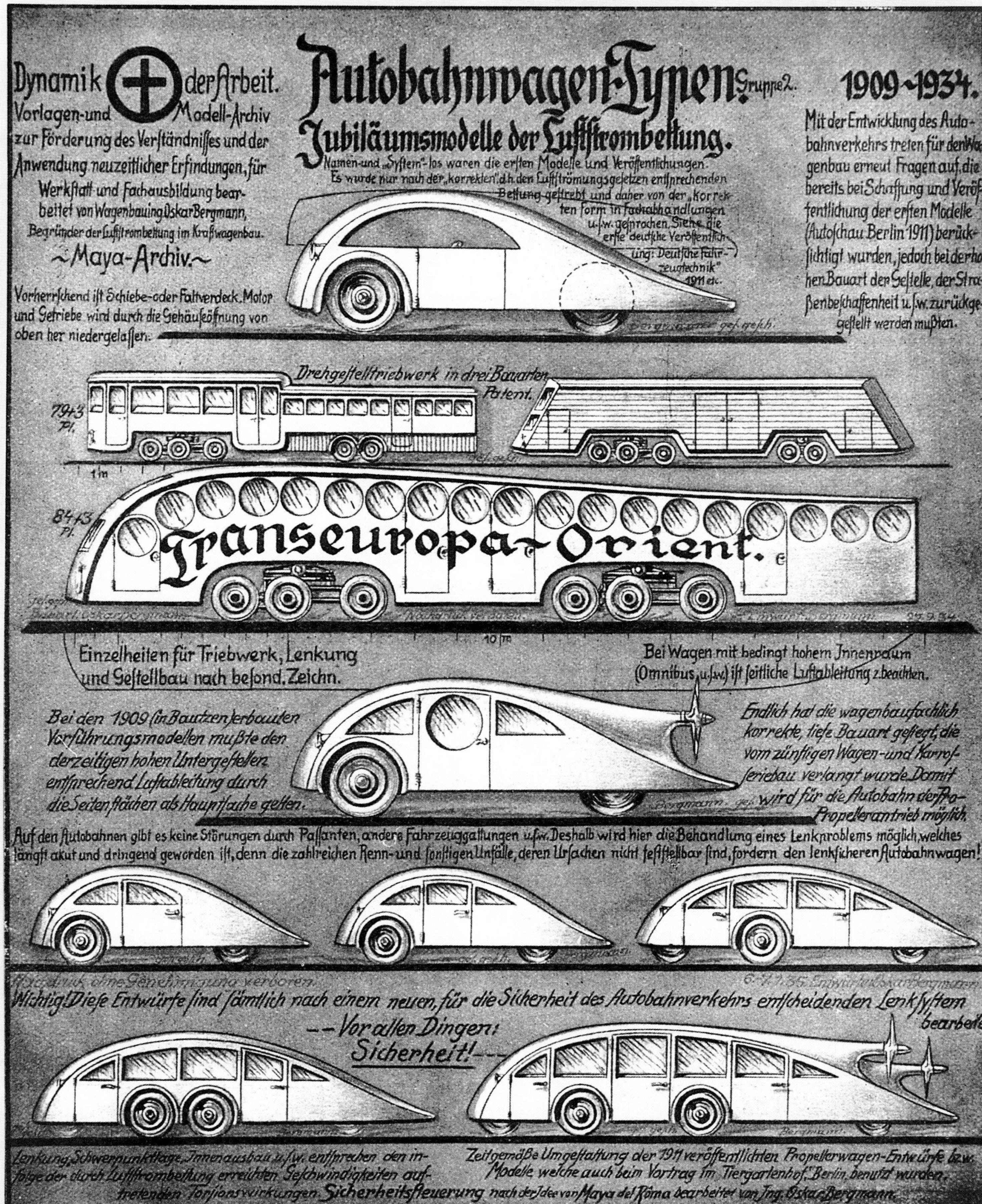

2

2 Exzentrische Autobahnwagen, gezeichnet von Oskar Bergmann (1935).

2 Motorway oddity, drawn by Oskar Bergmann (1935).

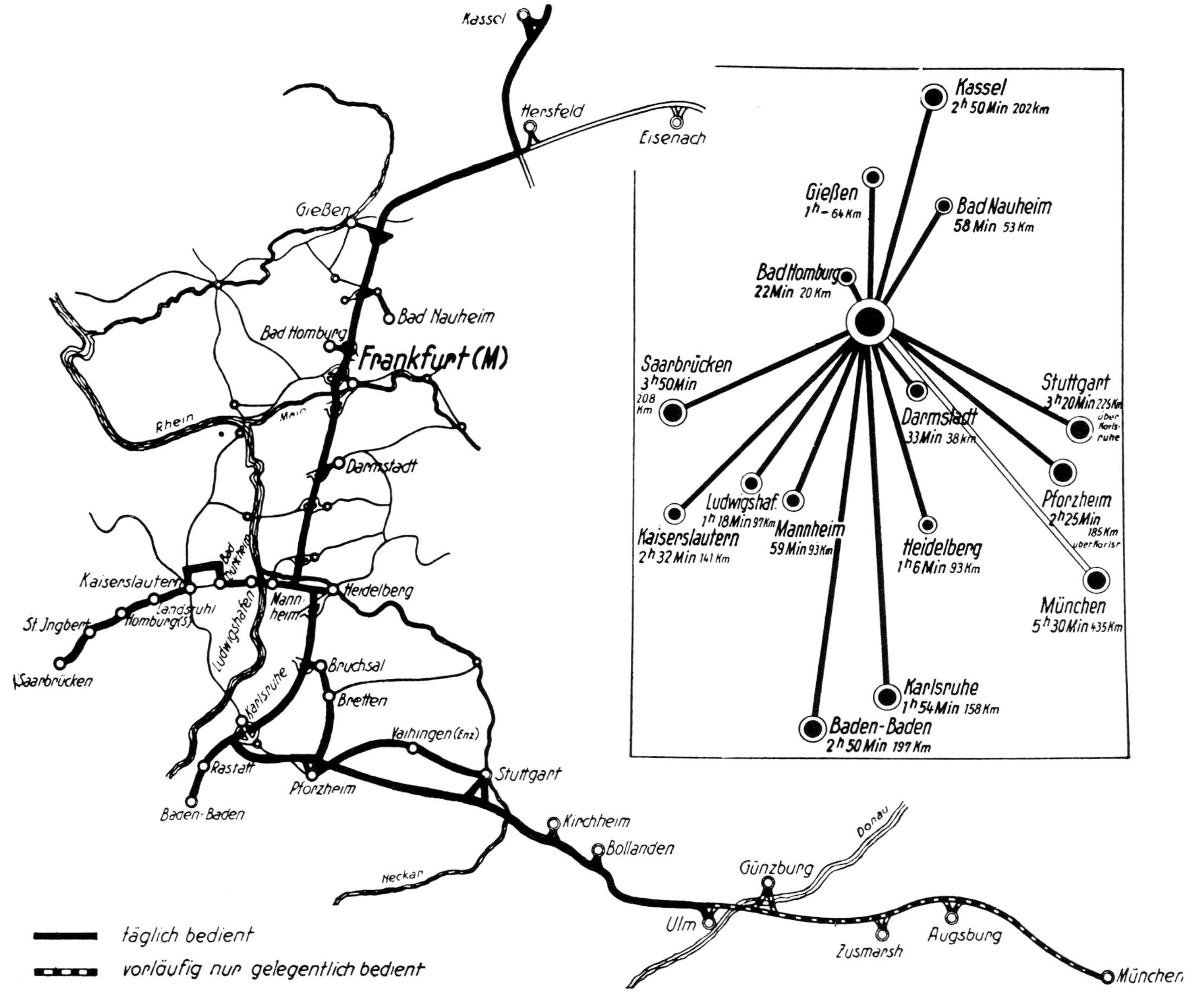

3

3 Streckenübersicht der von der Reichsbahndirektion Frankfurt/M. gegen 1939 betriebenen Omnibuslinien.

3 Route map of the bus service offered by the railway management in Frankfurt/Main around 1939.

meter für Hauptluftbehälter und Bremszylinder, Anzeigen für Kühlwassertemperatur, Brennstoffvorrat, Öldruck usw.
Die mechanischen Bremsanlagen der damals üblichen Lastwagenchassis reichten bei den gefahrenen hohen Geschwindigkeiten natürlich nicht mehr aus, weshalb kombinierte Luftdruck- bzw. Unterdruck-Hydraulik-Bremsanlagen eingebaut wurden, mit denen Bremsverzögerungen von 4,0 bis 4,5 m/s^2 erreicht wurden. Zur Erzielung der geplanten Reisegeschwindigkeiten verwandte man ursprünglich 4gängige Zahnradschaltgetriebe mit angebautem Schnellgang.
Bei den gegen 1939 gelieferten Fahrzeugen wurden zum Teil schon halbautomatische 7-Gang-Getriebe von Maybach eingebaut.
Raststätten an der Autobahn wurden von vornherein so konzipiert, daß Zwischenaufenthalte wesentlich verkürzt wurden.
Geplant war auch eine »Speiseeinrichtung« für Schnellreiseomnibusse,

It was clear then already, that a fully-covered underbody would be an aerodynamic improvement, but the coachwork firms which at the time were largely working manually, seemed to shy away from the extra work. Exceptions were the small-scale production buses or custom-built models like Prof. Everling's experimental vehicle of 1935 or the bonnet-type buses built by the coachwork firm Vetter in Bad Cannstatt near Stuttgart. The latter were based on the design of Germany's Jaray representative, Freiherr Koenig-Fachsenfeld.
In 1936 the wagon factory Uerdingen produced a thoroughbred Jaray design – with no compromises.
From 1935 onwards Paul Jaray made several unsuccessful attempts to sell his own bus designs to the German industry. The latter however was quite willing to acquire his licence, but not his uncompromising concepts.

sogar an die Möglichkeit von Übernachtungen im Omnibus hatte man gegen 1939 gedacht. Diese Ideen wurden aber nicht weiter verfolgt – sie wurden erst in der Nachkriegszeit Wirklichkeit. Im Jahre 1981 zeigt ein Besuch an größeren Knotenpunkten von Omnibuslinien, daß Übernachtungsmöglichkeiten, Bar- und Verpflegungsservice mit Kühlschränken und WC's an Bord längst Wirklichkeit geworden sind. Das fahrende »Örtchen«: Eine Oberpfälzer Erfindung des Jahres 1938, wenn man in die Patentschriften schaut ...

Bei der Reichsbahn hatte man sich natürlich auch mit Verkehrstechnikern zusammengesetzt, und so entstanden Entwürfe für eine Verbindung von Autobahnhaltestellen für den Fernreiseverkehr mit einem lokalen Anschluß für den örtlichen Zwischenverkehr, bei dem nur wenige Schritte bis zur lokalen Linie zu gehen waren.

Dieses perfekt durchgeplante System des Straßenverkehrs unter der Obhut des Schienenverkehrs wurde in der damaligen deutschen Fachpresse oft und gern behandelt. Überhaupt die Fachpresse: Zeitschriften-Titel wie »Die Straße« oder »Die Autobahn« verweisen schon auf die Priorität des Straßenverkehrsgedankens in der damaligen Zeit.

Verschiedentlich wurden Aufbauten für Omnibusse bei den bekannten Forschungsinstituten wie TH Berlin, FKFS oder Flugtechnisches Institut der TH Stuttgart im Modellwindkanal gemessen, wenn auch nur vereinzelt Busse voll und ganz nach der aerodynamischen Linie eingekleidet wurden.

Die Aufbauten der standardisierten Haubenbusse besaßen zwar abgerundete Linien und abgedeckte Radausschnitte, aber die so wichtige aerodynamische Feinarbeit wurde meistens vernachlässigt. Fensterkanten, unversenkte Türgriffe und besonders unverkleidete Unterböden waren die Hauptprobleme.

Man war sich natürlich darüber im klaren, daß ein vollverkleideter Wagenunterboden der Aerodynamik manches Plus bringen würde, die zumeist noch handwerklich arbeitenden Karosseriebetriebe scheuten aber offensichtlich die Mehrarbeit.

Eine Ausnahme machten hier nur Kleinserien oder Einzelstücke, wie beispielsweise der Versuchsbus nach Entwürfen von Prof. Everling, Berlin (1935), oder die bei der Karosseriefabrik Vetter in Bad Cannstatt bei Stuttgart gebauten Haubenbusse, deren durchgearbeitete Form auf einen Entwurf des Jaray-Vertreters in Deutschland, Freiherr Koenig-Fachsenfeld, zurückging.

Einen reinrassigen Jaray-Entwurf in kompromißloser Linie stellte 1936 die Waggonfabrik Uerdingen aus.

Paul Jaray versuchte seit 1935 vergeblich, seine eigenen, in großer Zahl angefertigten Busentwürfe an die deutsche Industrie zu verkaufen. Die Lizenz übernahm man gerne, die kompromißlose Linie des Aerodynamikers weniger.

Die »Stromlinie« wurde zum geflügelten Wort und zur Mode. Während Jaray die Wahrheit, nichts als die reine Wahrheit verkaufen wollte, wurden seine Gestaltungskomponenten als reines Dekorationselement übernommen. Ob »tropfenförmige« Luftauslässe an der Kühlerhaube oder Leichentransportwagen als Zeppelin gestaltet, die Linien der Zeit waren gerundet.

Die fortschrittliche Idee, einen Lastwagen selbsttragend aufzubauen, und bei der Herstellung ausschließlich Leichtmetalle wie Elektron zu verwenden, wurde durch die Zweckbestimmung ad absurdum geführt: Der hier vorgestellte Lautsprecherwagen des Deutschen Propaganda Ateliers, 1941 in zwei Exemplaren hergestellt, zeichnete sich durch eine strömungsgünstige Formgebung aus, entworfen von einem (nicht genannten) Architekten.

Seiner Bestimmung entsprechend, hätte dieser Wagen wohl kaum auf

"Streamline" became a popular and fashionable concept. Jaray was only prepared to sell the truth and nothing but the truth, but his concepts were nevertheless taken over and used purely for decorational purposes. Whether they were "drop shaped" air inlets on the bonnet or hearses in the form of a Zeppelin, the shape of the time had to have roundings.

One progressive idea was to use an integral chassis/body construction for a truck and fabricate it solely from light metals or alloys (Elektron for example). Such misguided use of material was of course absurd. The two vehicles built as broadcasting vans for the "Deutsches Propaganda Atelier" in 1941 had an aerodynamically acceptable shape. They were designed by an unknown architect.

The vehicles purpose was hardly to broadcast while speeding down the motorway, so the streamline shape was employed purely as art for art's sake.

With the advent of the motorways an early propagator of the streamline shape, the Berlin vehicle constructor Oskar Bergmann, once again got mention in the technical press. Bergmann's misfortune had been that he had advocated the streamline shape for automobiles in his "Schule Bergmann" (for coachwork builders) as early as 1906, but the motor industry had never heeded his advice.

From 1934 onwards his earlier and later designs appeared frequently in the "Deutsche Fahrzeugtechnik", the mouthpiece of the Reichsverband der deutschen Fahrzeug und Karosserie Industrie (German motor vehicle and coachwork industry). It is evident that he saw himself as the misunderstood prophet of the (finally victorious) new shape.

Many of his proposals were however rather eccentric and lacked a practical approach to the problems associated with high-speed transport.

Interestingly enough, the technical magazines did not only propagate streamline buses, but extended this idea to trucks and camping vans as well.

The untiring "Deutsche Fahrzeug Technik" early on stressed the importance of fully covered trucks and in virtually every issue published a design concept. Smoothly styled lorries and articulated trucks were illustrated without the usual protruding loading area which trucks still have to this day.

Initially there was no speed limit on the motorways and fully streamlined vehicles could theoretically race along at 120 km/h. After 1945 the speed restrictions imposed by the allies and fuel rationing regulated the motorway transport system. The new ministers left no stone unturned to assert the predominance of the railways in the goods and passenger sectors.

Wooden bodies in the good old coachwork tradition were forbidden for safety reasons. All-steel integral bodies were promoted instead. This idea had been suggested in 1930 already by Hans Arquint, but was rarely used before the war. After all, the new construction method had to be learnt first.

Aircraft engines provided the incentive to experiment with integral or monocoque type bodies. Krauss-Maffei for example even attempted such a construction in light metal.

The commercial vehicle manufacturer Büssing, which had been regarded as avant-gard before the war propagated the concept of a motor vehicle body without front fenders and the engine either incorporated in the front or rear, in the so-called trambus shape. After 1945 this layout was slowly adopted by all bus manufacturers.

There was however a turn away from the pure streamline shape (as was the case with passenger vehicles), since this idea was so closely associated with the unpopular political power of the previous twelve years.

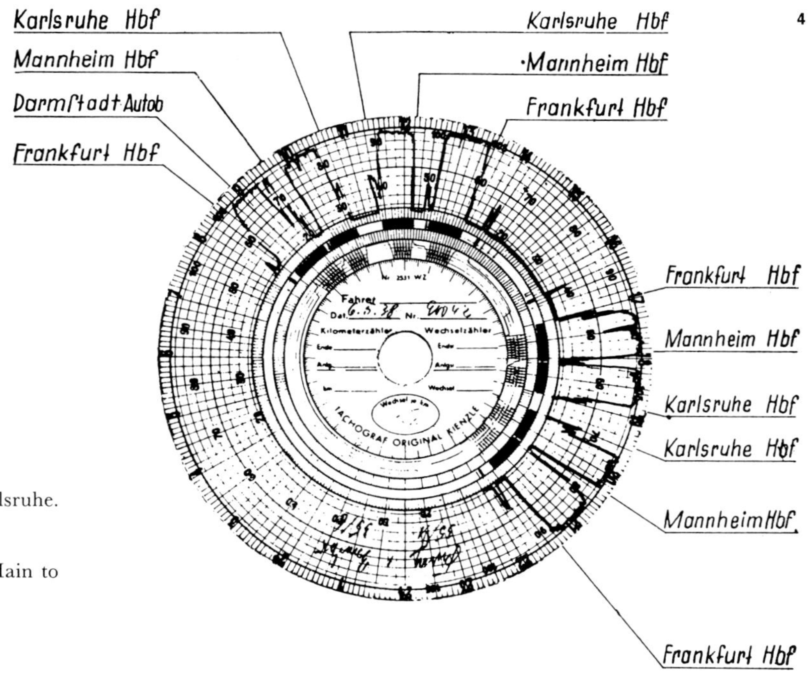

4 Tachographenscheibe eines Linienomnibusses Frankfurt/M. – Karlsruhe. Tagesleistung: 4×154 km = 616 km.

4 Tachograph record from a scheduled bus on the route Frankfurt/Main to Karlsruhe. Daily run: 4×154 km = 616 km.

Autobahnen Werbeworte verbreiten sollen, insofern war die vermeintliche Zweckform der Stromlinie hier ein reiner l'art pour l'art-Modegag.
Mit dem Aufkommen des Autobahn-Gedankens fand einer der frühen Verfechter der Stromlinienform, der Berliner Wagenbauer Oskar Bergmann, wieder Gehör in der deutschen Fachpresse. Die persönliche Tragik Bergmanns war es, schon seit etwa 1906 strömungsgünstige Grundformen von Automobilen in seiner »Schule Bergmann« (für Karosseriebauer) durchgespielt zu haben, ohne je von Autofirmen ernst genommen zu werden.
Seine regelmäßig in der »Deutschen Fahrzeug Technik«, dem Organ des Reichsverbandes der deutschen Fahrzeug- und Karosserie-Industrie, seit etwa 1934 veröffentlichten alten und neuen Entwürfe zeigten ihn als einen sich verkannt geglaubten Propheten der (endlich siegreichen) neuen Linie.
Aus vielen seiner Vorschläge sprach allerdings eher eine exzentrische Konstruktionsweise als eine sachliche Betrachtung der durch den kommenden Schnellverkehr entstehenden Probleme.
Interessanterweise beschränkten sich die Fachzeitschriften nicht nur auf die Propagierung des strömungsgünstigen Omnibusses, auch Lastwagen und Wohnwagen wurden als Gestaltungsziel entdeckt.
Die rührige »Deutsche Fahrzeug Technik« wies schon früh mit Artikeln auf die Notwendigkeit der Vollverkleidung von Lastwagen hin. Zur Demonstration fand der Leser in fast jedem Heft eine Entwurfszeichnung. Pritschenwagen oder Sattelschlepper wurden in organischer Linie vorgeschlagen, ohne herausragende Pritschenteile, wie es bei unseren Lastwagen noch heute der Fall ist.
Eine Geschwindigkeitsbegrenzung gab es nicht, also sollten Vollstromlinienlastwagen im Fernverkehr mit vielleicht 120 km/h über die neuen Schnellstraßen brausen.
Nach 1945 war die Priorität des Autobahnverkehrs den Geschwindigkeitsbegrenzungen der Alliierten und der immer noch existenten Treibstoffrationierung gewichen. Mit allen rechtlichen Mitteln versuchten die neuen Minister, der Deutschen Bundesbahn eine Vorrangstellung im Güter- und Personenfernverkehr zu verschaffen.
Hölzerne Aufbauten nach guter alter Karosseriebauerart wurden (aus Sicherheitsgründen) verboten. Als Resultat darauf wurden mehr oder

As early as the fifties, American ideas were incorporated which by the sixties had developed into fashionable angular corners and edges.
After all, fuel was still cheap during the late Ludwig Erhard era and the coefficient of drag had lost its significance.
Seen in this light, it appears paradoxical that the renowned bus and trailer coachwork firm Karl Kässbohrer built four thoroughbred streamline buses for tyre tests between 1957 and 1961. In reminiscence of the classic motorway age each was even fitted with a fin at the rear. These Büssing racers with a top speed of 140 km/h form a suitable end to our excursion into the high-speed era of bus transportation.

Reise-Omnibus.
Gebrauchsmuster Nr. 1455957.
Leonhard Scheidig und Babetta Scheidig, geb. Hammerbacher, Beilngrieß, Oberpf.

S c h u t z - A n s p r u c h :

Reise-Omnibus, dadurch gekennzeichnet, daß in dem Aufbau eine Kabine zur Einrichtung einer Toilette vorgesehen ist.

E r l ä u t e r u n g :

Im Aufbau 1 des Wagens ist ein Toilettenraum 2 vorgesehen, in welchem ein Klosett 3, ein Waschbecken 4 und ein Behälter 5 angebracht ist. Der Behälter 5 dient zur Aufnahme von Wasser zur Spülung des Klosetts und zur Speisung des Waschbeckens.

5 Das fahrende »Örtchen«, wie es die Patentschrift sah.

5 The mobile "toilet" as the patent depicted it.

weniger selbsttragende Stahlaufbauten forciert, die seit 1930 von dem Münchner Hans Arquint vorgeschlagen worden waren, aber erst spät und auch nur vereinzelt vor dem Kriege zum Zuge gekommen waren. Diese neue Herstellungstechnik mußte schließlich erstmal gelernt werden.

Flugzeugtechniker gaben den Konstrukteuren der Nachkriegsära die Anregung für selbsttragende Aufbauten in Schalenbauart.

Teilweise wagte man sich wohl auch an Leichtmetallaufbauten heran (Krauss-Maffei).

Was vor dem Kriege als avantgardistisch gegolten hatte, die Karosserieform ohne Kotflügel und mit innenliegendem Front- oder Heckmotor, die sogenannte »Trambusform«, für die sich seit etwa 1936 der alte Nutzfahrzeughersteller Büssing stark gemacht hatte, wurde nach 1945 langsam zum Allgemeingut aller Bushersteller.

Nur wandte man sich (wie im Personenwagenbau) recht schnell von der puristischen Nur-Stromlinien-Form ab, schließlich war diese noch viel zu sehr mit dem Odium eines ungeliebten 12jährigen Staatswesens behaftet.

Die fünfziger Jahre zeigten schon die Hinwendung zur amerikanisierten Linie, die spätestens seit den sechziger Jahren modische Ecken und Kanten mit sich brachte.

Treibstoff war in der späten Ludwig-Erhard-Periode schließlich noch bezahlbar, und der c_w-Wert wurde langsam zum Tabu.

Gerade deshalb mutet es wie ein Paradoxon an, wenn die renommierte Bus- und Anhänger-Aufbaufabrik von Karl Kässbohrer zwischen 1957 und 1961 vier reinrassige Schnellfahrbusse für Reifenversuche baute, denen sogar als Reminiszenz an die klassischen Autobahnzeiten eine Heckflosse spendiert wurde.

Diese für eine Höchstgeschwindigkeit von immerhin 140 km/h zugelassenen Büssing-Renner sollen deshalb auch unsere Exkursion in die »schnelle« Zeit des Omnibusverkehrs beenden.

6 Schema der Verbindung von Omnibus-Fernverkehr und Lokalverkehr durch entsprechende Haltestellenanordnung.

6 Schedule showing the connections between long-distance and urban bus routes by suitable arrangement of bus stops.

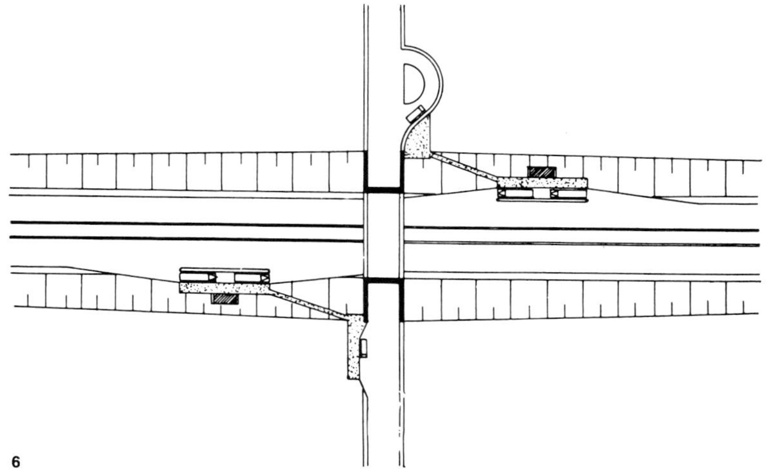

6

7 Omnibusmodell im Windkanal des FKFS, Stuttgart. Im weißen Kittel: Dr.-Ing. Sawatzki. Wohl gegen 1938.

7 Model of a bus in the windtunnel of the FKFS, Stuttgart. In the white overcoat: Dr. Ing. Sawatzki, around 1938.

7

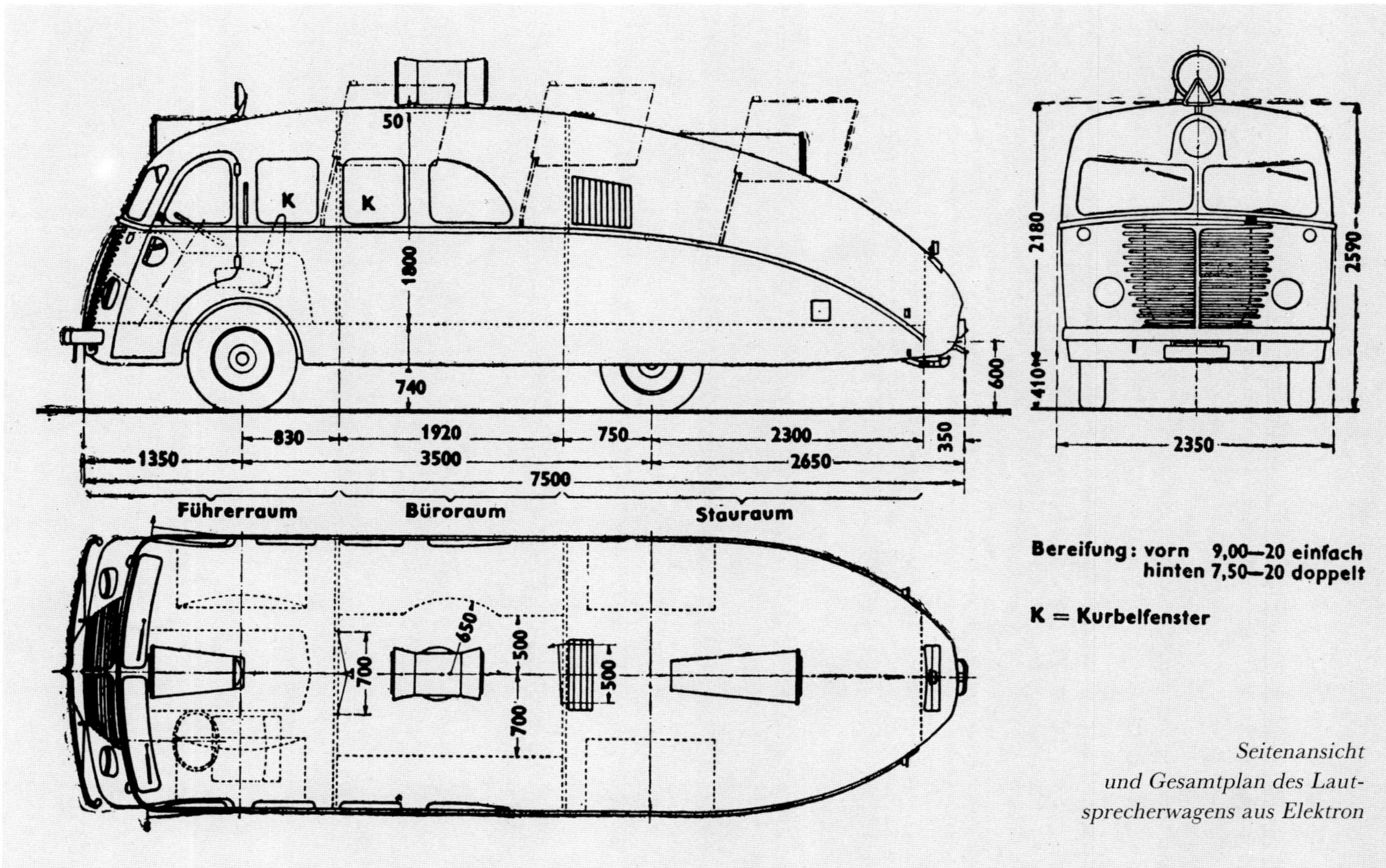

8

8 Selbsttragender Lautsprecherwagen aus Elektron, 1941.

8 Broadcasting van from Elektron, built with an integral type body, 1941.

9

9 »Schule Bergmann«, 1912. Im Vordergrund Stromlinienwagenmodelle aus dem Jahre 1906.

9 "Schule Bergmann" (Bergmann's school), 1912. In the foreground streamline vehicle models from 1906.

10 Stromlinienlastwagen für den Schnellverkehr, ein Entwurf aus der »Deutschen Fahrzeugtechnik« 1936.

10 Streamline truck for express traffic, a design from "Deutsche Fahrzeugtechnik", 1936.

10

11

11 Reichsbahn-Omnibus auf der Autobahn. Wohl Kässbohrer-Karosserie (siehe auch S. 41).

11 On the road: Motorway bus with coachwork by Kässbohrer (see p. 41).

ERDMANN & ROSSI

Diese renommierte Berliner Karosseriefabrik war auf Neubau oder Umbau von Luxuskarosserien für Personenwagen spezialisiert. Hervorgegangen aus der Verbindung mit der Hofwagenfabrik von Jos. Neuss in Berlin, hatte man sich schon frühzeitig an aerodynamische Aufbauten gewagt. Der Leser erinnert sich an den Aufbau für Mercedes-Chassis Typ 170, 1933 auf der Internationalen Automobilausstellung gezeigt. Dieses Einzelstück zog die Aufmerksamkeit von Emil Everling auf sich, der als Professor an der TH Berlin von Amts wegen mit Flugzeugbordgeräten u. dgl. zu tun hatte, sich aber schon einen Namen als Strömungs-Experte gemacht hatte. Everling zeigte auf dem Stand von Erdmann & Rossi in den Folgejahren einen Mercedes SS als Hochgeschwindigkeitsfahrzeug für die Vorbereitungsarbeiten zur Reichsautobahn. Diesem nur andeutungsweise verbesserten Wagen folgten zwei Modelle seines Stromlinien-PKW mit abgeschnittenem Heck.

Im März 1935 wurde ein Omnibusmodell mit abgeschnittenem Heck im Modellwindkanal der TH Berlin getestet. Der erreichte Luftwiderstandsbeiwert von $c_w = 0{,}15$ zeigte, daß der Professor auf dem richtigen Weg war. Sein alsbald danach aufgebauter Bus in Haubenform mit »K-Heck« und einer Windbremse nach Everlings eigenem Patent konnte schon im Laufe des Jahres 1935 fahrfertig vorgeführt werden. Die Erdmann & Rossi-Mannen um den Geschäftsführer Peters und Designer Beeskow hatten hier ganze Arbeit geleistet.

Als Chassis wurde ein vermutlich mit Vergasermotor ausgerüstetes Fahrgestell der Firma Fried. Krupp, Essen, verwandt, dessen 4-Liter-Motor 65 PS leistete. Bei einem normalen Aufbau wurden damit 80 km/h als Höchstgeschwindigkeit erreicht, wie der Prospekt versichert. Everlings Krupp-Special soll stattdessen gegen 100 km/h erreicht haben, wenn diese Angaben auch mit Vorsicht zu genießen sind. Bei Einbau eines Schnellgang-Getriebes, verbunden mit einer anderen Hinterachsuntersetzung, dürften Geschwindigkeiten von über 100 km/h wohl möglich geworden sein. Die Deutsche Reichsbahn als Finanzier dieses Einzelaufbaues hatte angeblich vor, den Wagen in Serie herstellen zu lassen und ihn für einen später geplanten Schnellverkehr zwischen Berlin, Nürnberg, München und Wien auf den neuen Reichsautobahnen einzusetzen. Als Spitzengeschwindigkeit war angeblich 200 km/h anvisiert worden. Hierbei hätten natürlich ein leistungsstärkeres Triebwerk zur Verwendung kommen müssen, das Krupp allerdings mit den beiden Motoren OD 5,5 N 242 (125 PS) bzw. O 5,5 N 262 (110 PS) anbot.

Wie bekannt, entschied sich die Deutsche Reichsbahn später für einen Standard-Bustyp, der von verschiedenen Karosseriewerken gebaut wurde. Warum der sehr sauber durchgestaltete Everling-Bus nicht in

These renowned coachwork builders from Berlin specialised in the construction and rebuilding of luxury bodies for passenger cars and, through their association with the firm Hofwagenfabrik Jos. Neuss also from Berlin, learnt about the importance of aerodynamics in bodywork design. An example here is a body for a Mercedes 170 chassis which was shown at the Berlin international automobile exhibition in 1933. This vehicle attracted the attention of Emil Everling, whose subject as professor at the local technical university was "aeroplane instruments" and related matters, but who had also made a name for himself as an aerodynamics expert. Over the following years Everling exhibited a Mercedes SS – a high-speed vehicle on the Erdmann & Rossi stand which was intended for tests on the new motorway. This moderately improved vehicle was followed by two models of his streamline passenger cars with the cut-off rear.

In March 1935 the model of a bus with cut-off rear was tested in the windtunnel at the Berlin technical university and found to have a Cd of 0,15. This clearly showed that the professor was thinking along the right lines. In haste a bus with bonnet, "K" rear and a special wind brake which Everling had patented, was miraculously completed in the same year. The manager at Erdmann & Rossi, Peters, the designer Beeskow and their workers were to be congratulated.

The chassis used was from the firm Fried. Krupp of Essen and was powered by a 4 litre 65 hp petrol engine. With a standard body the prospectus claimed a top speed of 80 km/h. Everling's Krupp Special, if one is to believe the claim, had a top speed of 100 km/h. A high-speed gearbox with a modified transmission should have permitted speeds of over 100 km/h. The German railways, which had financed the project apparently intended to mass-produce this vehicle and use it for future high-speed transport on the new motorways between Berlin, Nuremberg, Munich and Vienna. 200 km/h was the expected top speed, which of course would have required a more powerful engine. Krupp could offer the required engines the OD 5,5 N 242 (125 hp) and O 5,5 N 262 (110 hp).

The railways ultimately decided on a standard type of bus, which a number of coachworks were building. The author is puzzled as to why the well-designed Everling bus was rejected. The order No. 2576 dated 8th April 1935 indicates that only the one test vehicle was fitted with the special body. The careful consideration given to the streamline outer shape of this vehicle was not reflected by the interior. There was absolutely no luxuriousness, just standard upholstery and rubber mats on a plain linoleum floor. It is debatable whether a sober German traveller would have experienced a comfortable journey at the theoretical 200 km/h.

die engere Wahl für einen Ankauf gezogen wurde, entzieht sich der Kenntnis des Verfassers. Offenbar ist auch nur dieses Versuchsexemplar karossiert worden, wie man den Kommissionsunterlagen des Auftrages Nr. 2576 vom 8. April 1935 entnehmen kann. Dieser wirklich strömungstechnisch sorgfältig konstruierte Aufbau ließ allerdings in seinem Inneren die Exclusivität des äußeren Erscheinungsbildes vermissen. Es gab da keinerlei Luxus, nur normale Polstersitze sowie einen mit Linoleum belegten Fußboden, im Mittelgang durch einen Gummiläufer ergänzt. Ob das Reisen im (theoretischen) 200 km/h-Tempo dem biederen deutschen Reisenden damit zur Entspannung gedient hätte, ist eine offene Frage.
Von diesem einzigen Everling-Bus hörte man nie wieder etwas. Vermutlich verschwand er in irgendeinem Reichsbahn- oder Krupp-Schuppen, um still vor sich hin zu rosten.
Nur drei Jahre später, 1938, konnte Emil Everling seinen PKW in ähnlicher Formgestaltung dem interessierten Publikum auf der Berliner Automobil-Ausstellung präsentieren. Hier gab es zwar keine Windbremsen mehr, die Ähnlichkeit beider Fahrzeuge war für den Kenner dennoch frappierend.
Zwei Serienaufbauten in angenäherter Stromlinienform bot die Fried. Krupp ohnehin ihrem Hauptkäufer, der Deutschen Reichsbahn, an. Diese Busse erreichten nach Werksangaben mit dem 65 PS-Vergasermotor eine Geschwindigkeit von 100 km/h, aufgebaut wurden sie jedoch von den Fahrzeugwerken Recklinghausen. Diese recht flüssig gestalteten Wagen zeigten völlig verkleidete Vorder- und Hinterräder. Die Deutsche Reichsbahn kaufte für ihren gemischten Fuhrpark auf den Reichsautobahnstrecken einige Wagen an. Bei Beginn des Omnibus-Verkehrs auf den Autobahnen, im Sommer 1935, konnten drei Karosseriefirmen eigene, strömungsgünstige Entwürfe vorzeigen: Die Fahrzeugwerke Recklinghausen, die zwei verschiedene Krupp-Busse karossiert hatten, Gebrüder Ludewig in Essen, Hersteller der »Aero«-Busse auf Opel-Chassis, und das Werk Sindelfingen der Daimler-Benz AG, das auf einem eigens entwickelten Trambus-Chassis einen haubenlosen Aufbau karossiert hatte. Recklinghausen karossierte später Büssing-Omnibusse für die Deutsche Reichsbahn. Allerdings lag diesen Aufbauten der Standard-Haubentyp zugrunde, wie ihn damals alle Karossiers fast identisch für den Autobahnverkehr herstellten. Die Hauptbeschäftigung der Recklinghausener lag im Anhängerbau. Bei der heutigen Nachfolgefirma liegt das Aufgabengebiet ähnlich.

No more was heard of Everling's only bus. It probably vanished in some railway or Krupp shed and quietly rusted away.
Three years later, in 1938, Emil Everling presented a passenger vehicle of a similar construction to the public, at the automobile exhibition in Berlin. This had no wind brake, but the experts could immediately see the resemblance.
Fried. Krupp offered the German railways (its biggest customer) two production bodies with an approximate streamline body. Fahrzeugwerke Recklinghausen did the constructional work and, according to the specifications the buses, using 65 hp petrol engines, had a top speed of 100 km/h. The shape was smooth and both the front and rear wheels were fully covered. A number of vehicles were bought by the railways for its transport division. With the start of bus transportation on the motorways in the summer of 1935, three coachwork firms could offer streamline designs. Fahrzeugwerke Recklinghausen had fitted two different Krupp buses with bodies. Gebrüder Ludewig of Essen produced the "Aero" buses on Opel chassis and the Sindelfingen division of Daimler Benz AG had built their bonnet-less body onto a specially constructed trambus chassis. Recklinghausen later got the contract from the German railways to construct bodies based on the Büssing chassis. These bodies however were of the standard bonnet type which was to be a concept adhered to by all coachwork firms for motorway buses. The firm Recklinghausen primarily constructed trailers and its successor carries on the tradition to this day.

Erdmann & Rossi, Berlin

Jahr	Chassis	Typ	Hubraum	PS	Entwurf	Radstand	Spurweite v/h	Achsen	Gewicht Chassis	Gewicht komplett	Verbrauch l	V max.	Preis	Menge	Kommission	Bemerkungen
Year	Make	Type	Capacity l	HP	Designer	Wheelbase m	Track front/rear m	Axles	Weight kg	Weight total kg	Consumption l	Speed km/h	Price	Specimen	Commission	Remarks
1935	Krupp		4	65	Prof. E. Everling			2				vermutlich um 100/ presumably around 100		1	Krupp/ Deutsche Reichsbahn/ Krupp/ German Railways	c_W des Modells = 0,15[1] – verschollen –[2] Prototyp für Autobahn-Schnellverkehr[3]

[1] Cd of the model = 0,15 [2] – disappeared – [3] Prototype for high-speed traffic on the motorways

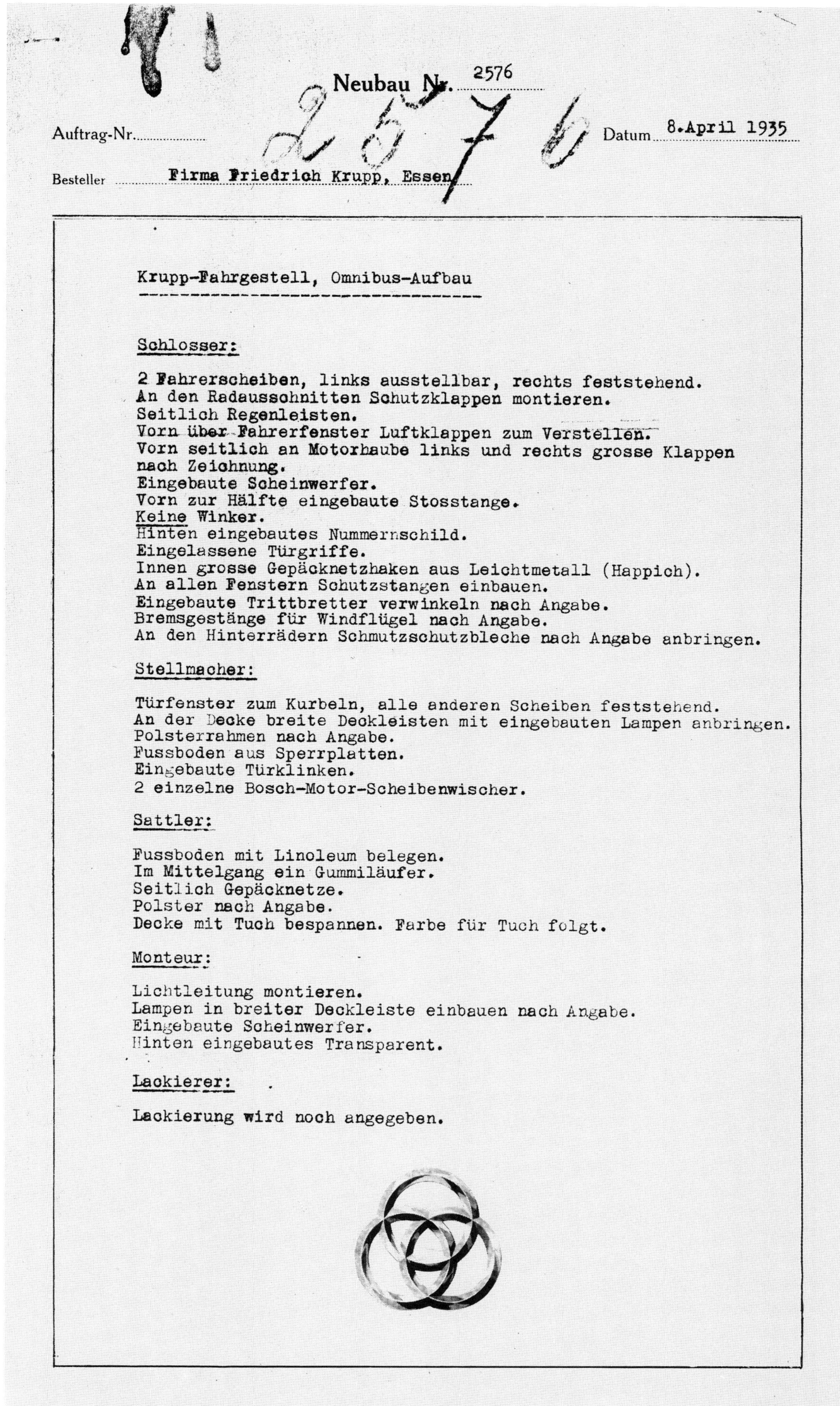

Neubau Nr. 2576

Auftrag-Nr. 2576

Datum 8.April 1935

Besteller Firma Friedrich Krupp, Essen

Krupp-Fahrgestell, Omnibus-Aufbau

Schlosser:

2 Fahrerscheiben, links ausstellbar, rechts feststehend.
An den Radausschnitten Schutzklappen montieren.
Seitlich Regenleisten.
Vorn über Fahrerfenster Luftklappen zum Verstellen.
Vorn seitlich an Motorhaube links und rechts grosse Klappen nach Zeichnung.
Eingebaute Scheinwerfer.
Vorn zur Hälfte eingebaute Stosstange.
Keine Winker.
Hinten eingebautes Nummernschild.
Eingelassene Türgriffe.
Innen grosse Gepäcknetzhaken aus Leichtmetall (Happich).
An allen Fenstern Schutzstangen einbauen.
Eingebaute Trittbretter verwinkeln nach Angabe.
Bremsgestänge für Windflügel nach Angabe.
An den Hinterrädern Schmutzschutzbleche nach Angabe anbringen.

Stellmacher:

Türfenster zum Kurbeln, alle anderen Scheiben feststehend.
An der Decke breite Deckleisten mit eingebauten Lampen anbringen.
Polsterrahmen nach Angabe.
Fussboden aus Sperrplatten.
Eingebaute Türklinken.
2 einzelne Bosch-Motor-Scheibenwischer.

Sattler:

Fussboden mit Linoleum belegen.
Im Mittelgang ein Gummiläufer.
Seitlich Gepäcknetze.
Polster nach Angabe.
Decke mit Tuch bespannen. Farbe für Tuch folgt.

Monteur:

Lichtleitung montieren.
Lampen in breiter Deckleiste einbauen nach Angabe.
Eingebaute Scheinwerfer.
Hinten eingebautes Transparent.

Lackierer:

Lackierung wird noch angegeben.

1 Auftragszettel für den Krupp-/Everling-Bus, 1935.

1 Order form for the Krupp-/Everling bus, 1935.

1

2

3

2, 3 Der fertiggestellte Stromlinien-Bus von 1935 ist dem Personenwagen von 1938 wie aus dem Gesicht geschnitten.

2, 3 The streamline bus of 1935 is virtually identical to the passenger car of 1938.

4

4 Kärgliche Innenausstattung mit Linoleum, Gummi und Tuchpolster. Im späten »Bauhaus«-Zeitalter galt Linoleum als funktionell und zeitgemäß ...

4 A spartan interior with linoleum, rubber and cloth upholstery. Linoleum was considered functional and in keeping with the time by "Bauhaus" advocates.

5

5 Rückseite des Everling-Busses. Die Leitflächen oben und seitlich dienen als Halterungen für ausfahrbare Windbremsen, d. h. Bleche, die zur Vergrößerung der Projektionsfläche dienen. Everling hielt ein entsprechendes Patent.

5 Rear of the Everling bus. The leading surfaces at the top and on the sides served as a mounting for the wind brake – a sheet metal device which served to increase the projected cross-sectional area of the vehicle. Everling patented this idea.

6

6 Der Bus im Seitenriß. Deutlich erkennbar ist das »abgeschnittene Heck«, hier Jahre vor den Protagonisten dieser Bauform angewendet.

6 Side view of the bus. The "cut-off" rear can be clearly seen. This idea was used here years before protagonists of this concept applied it.

7

7 Der erste Stromlinien-Bus auf Krupp-Chassis, 1934 von den Fahrzeugwerken Recklinghausen aufgebaut. Die freistehenden Scheinwerfer wurden bei der verbesserten Konstruktion von 1935 in die Kühlerattrappe verbannt.

7 The first streamline bus on a Krupp chassis, built by the firm Fahrzeugwerke Recklinghausen in 1934. With the following improved version of 1935 the protruding headlights were incorporated into the dummy radiator grill.

8

8 18sitziger Krupp-Reisewagen, gut für 100 km/h, erzielt mit 65 PS Leistung.

8 18-seater Krupp touring vehicle with its 65 hp engine, capable of 100 km/h.

9 Das interessante Chassis dazu.

9 The interesting chassis that was used.

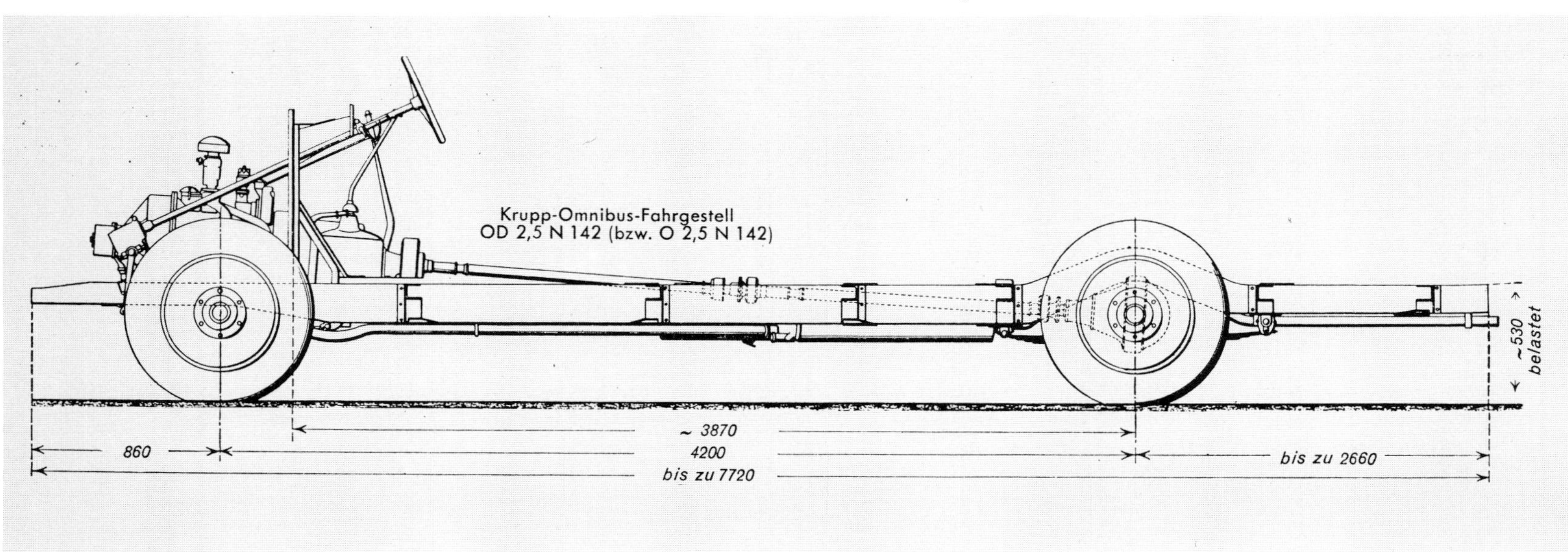

9

10

11

11 Außer dem links abgebildeten Fahrzeugaufbau der Fahrzeugwerke Recklinghausen auf Krupp-Chassis wurde auch noch ein wesentlich vereinfachter Stromlinienaufbau angeboten, der hier abgebildet ist.

11 Apart from the on the left represented body from Fahrzeugwerke Recklinghausen on to a Krupp chassis it was built a simplified streamlining-body, which is represented here.

10 Und so raste er durch die Anzeigen ...

10 ... and this is how it raced through the adverts ...

2

12 Ganzstahl-Aufbau der Fahrzeugwerke Recklinghausen auf Büssing-NAG-Chassis.

12 All-steel body fitted by Fahrzeugwerke Recklinghausen on to a Büssing-NAG chassis.

13 Eine Standardkarosserie, wie sie von verschiedenen Karosseriefirmen für die Reichsbahn in ähnlichem Aufbau gebaut wurde; hier als Beispiel der Gebr. Crede.

13 A standard body, which has a virtually identical shape to that built by several other coachwork firms for the German railways for motorway use as shown in the advert right.

13

Fahrzeugwerke Recklinghausen

Jahr	Chassis	Typ	Hub-raum	PS	Entwurf	Radstand	Spurweite v/h	Achsen	Gewicht Chassis	Gewicht komplett	Verbrauch l	V max.	Preis	Menge	Kommission	Bemerkungen
Year	Make	Type	Capacity l	HP	Designer	Wheelbase m	Track front/rear m	Axles	Weight kg	Weight total kg	Consumption l	Speed km/h	Price	Speci-men	Commission	Remarks
1934	Krupp							2								
ab 1935	Krupp	OD 2,5 N 42	4	65		4,2		2				100				18 Sitze/seats
	Krupp	OD 3,5 N 32				4,65		2				100				33 Sitze/seats
	Büssing-NAG	350-0	7,4	95		5,7		2							Deutsche Reichsbahn/ German Railways	Fahrgestelltragfähigkeit ca. 5000 kg / Loading capacity approx. 5000 kg

HENSCHEL
Stromlinien-
Fahrzeuge
61 001
für Schiene und Strasse
HENSCHEL & SOHN AG KASSEL
1937

Gaubschat

Im Alter von 14 Jahren verließ der Bauernsohn Fritz Gaubschat seine ostpreußische Heimat, um in der Reichshauptstadt Berlin eine Lehre als Schmied und Wagenbauer anzutreten. Damals, 1891, dauerte die Lehrzeit für solch' ein solides Handwerk vier harte Jahre. 1904 hatte Gaubschat es geschafft: Genügend Kapital war angespart, um sich selbständig zu machen.

In Berlin-Neukölln wurde ein geeignetes Gelände gefunden, und unterstützt von zwei Gesellen, machte sich der strebsame Ostpreuße an die Arbeit. Aus dieser kleinen Werkstätte entwickelte sich schnell ein Großbetrieb mit 400 Arbeitnehmern (1923).

Zu dieser Zeit war Gaubschat längst als Spezialist für Anhänger bekannt, und erweiterte seinen Produktionsbereich um die Karossierung von Omnibussen.

Die früh erworbenen Kontakte zu Nutzfahrzeug-Herstellern wie Büssing, Mercedes, MAN oder Henschel ergaben zu Beginn der Reichsautobahn-Zeit ideale Möglichkeiten, in das Geschäft mit den modischen Stromform-Bussen einzusteigen. Gaubschat profilierte sich mit dem Aufbau eines Werbe-Wagens für Mende-Radios, dessen recht organische Gebrauchsstromlinie einem Bus gut angestanden hätte. Außer Personenwagenaufbauten wurde so gut wie alles karossiert: »Fahrzeuge für Werbezwecke – Sattelschlepp-Anhänger – Lastenanhänger – Omnibusse 8-80sitzig für Luxus und Reise, für Stadt und Überland, für Hotels und Rundfahrt-Unternehmen«. Der Zeitgeist dokumentierte sich in einem 1934 herausgebrachten Prospekt auch durch den sinnigen Slogan: »Neues Deutschland Neues Schaffen Neue Wege Neue Wagen«. 1935 wurde eine Jaray-Lizenz erworben, und das Geschäft mit den glattflächigen Bussen begann, was bis 1937 eine Personalaufstockung auf etwa 1000 Mitarbeiter ermöglichte. Ein 1936, zur Internationalen Automobil-Ausstellung Berlin herausgebrachter Aufbau in Trambusform benützte das neue Büssing-NAG Fahrgestell vom Typ 375 T. Bei diesem war der Motor vorne neben dem Fahrer untergebracht. Von diesem Chassis, so recht geeignet für moderne Aufbauten, wurden etliche Wagen verkauft und in ähnlicher Form von den verschiedensten Karosseriewerken aufgebaut. Gemeinsam war allen karossierten Wagen das bekannte Büssing-Grill in Form eines Wappens, aus querliegenden Chromstäben gebildet. Manche Karossiers trauten sich damals daran, die beiden Hauptscheinwerfer eng nebeneinander hinter die Kühlerattrappe zu setzen, ähnlich wie es die französische Firma Peugeot anno 1936 mit ihren Personenwagen der 402-Serie machte.

Die Lampen hatte Fritz Gaubschat zwar außerhalb des Kühlers und leicht herauswachsend untergebracht, sonst war diese Karosse aber wirklich optimal für einen Schnellverkehr-Betrieb geeignet. Vorder-

At the age of 14 Fritz Gaubschat, a farmer's son, left his East Prussian home to start an apprenticeship as blacksmith and coach builder. At that time, 1891, the apprenticeship for such a respectable trade took four hard years. By 1904 Gaubschat had saved enough money to start his own business.

He found a suitable piece of land in Berlin-Neukölln and set to work, aided by two journeymen. By 1923 this small workshop had developed into a large plant with 400 employees. Gaubschat specialised in building trailers and later extended his production to include the bodywork for buses with the advent of the motorways.

Contacts with such firms as Büssing, Mercedes, MAN and Henschel made it possible for him to enter the field of modern streamline buses. His interest in streamlining probably started after a contract with Mende Radios to build a special body for advertising purposes. The resulting vehicle had a smooth, practical streamline shape which might have suited a bus. His firm made bodywork for all types of vehicles except passenger cars: "vehicles for advertising purposes, articulated trucks, goods trailers and 8–80 seat buses for all purposes, i.e. luxury buses, touring buses, town and overland buses, buses for hotels and sightseeing buses." The spirit of the time is reflected in a clever slogan from a prospectus of 1934: "A new Germany, a new creativity, new ways, new vehicles".

In 1935 a Jaray licence was acquired and smooth-looking buses started to leave the works. By 1937 the staff had increased to 1000. A body in the shape of a trambus which was shown at the international automobile exhibition in Berlin in 1936 made use of the latest Büssing-NAG 375 T chassis. Here the engine was placed in front, right next to the driver. This chassis, which was well-suited to modern body shapes, was used by a number of coachwork firms, which fitted it with a range of bodies similar to that of Gaubschat. All of these incorporated the well-known Büssing shield-shaped grill formed out of horizontal chrome strips. Some coachwork firms even dared to set the two headlights close together behind the dummy radiator grill, similar to the Peugeot styling in their 402-series of 1936.

Fritz Gaubschat had set his headlights away from the radiator on small protruding mountings but otherwise his body was optimal for highspeed purposes. Front and rear wheels were fully covered and the four-part windscreen with its daring slope was fully rounded. Gaubschat's own description in a prospectus mentions that the floor was covered with linoleum and the interior was fitted with "panels" of rare wood "naturally stained".

wie Hinterräder waren vollverkleidet, und die 4teilige Windschutzscheibe von atemberaubender Schräglage war vollkommen gerundet. Wie Gaubschat in einem Prospektblatt schrieb, wurde der Boden mit Linoleum belegt, und die Innenverkleidung erfolgte als Edelholztäfelung, »naturgebeizt«.
Die Reichsbahn als Generalunternehmer des Autobahn-Verkehrs übernahm vermutlich einige dieser Busse für ihren Schnellverkehr.
Der für 13 800 RM angebotene 30sitzige Aufbau war der Vorreiter einer ganzen Welle von Trambussen, die in den nächsten Jahren entstanden. Dieses Baukonzept führte nach 1945 letztendlich auch zur heutigen Standardbauweise aller Busse: Eine Form ohne Motorhaube, dafür mit integriertem Motor, der, meist als Unterflurmotor, seinen Platz heute allgemein im Heck findet.
Nach dem Kriege war das Haupttätigkeitsfeld der Gaubschat-Fahrzeugwerke GmbH wie schon vor dem Kriege der Anhängerbau geworden.
Am 30. Dezember 1975 wurde das Konkursverfahren über diese traditionsreiche Berliner Firma eröffnet. Ein Zweigbetrieb gleichen Namens existierte noch 1977 in Düsseldorf.

The railways, having the biggest transport business, probably acquired some of these vehicles for high-speed motorway use.
A 30-seater body which was sold for 13 800 Reichsmark was the forerunner to a whole new range of trambuses over the next few years. This concept was continued after 1945 and eventually led to the universal bus shape of today, i.e. a bonnetless monolithic form with integrated engine, usually mounted in the rear, beneath the floor.
After the war Gaubschat once more turned his attention to trailers.
On 30th December 1975 this established firm from Berlin was declared bankrupt. A branch with the same name was still in existence in Düsseldorf in 1977.

Literatur

Karosserie- und Fahrzeugbau, Heft 13, 10. 7. 37, S. 156/157.

Tüchtige Konstrukteure
und
technische Zeichner
oder
Zeichnerinnen,
sowie
Arbeitsvorbereiter
und
Vorkalkulatoren

mit Erfahrungen im Karosserie- und Fahrzeugbau zum möglichst baldigen Eintritt gesucht.
Bewerbungen mit handgeschriebenen Lebenslauf nebst Zeugnisabschriften unter Angabe des frühesten Eintrittstermines und der Gehaltsforderung erbeten an die Personal-Abteilung der

Gaubschat **Fahrzeugwerke G. m. b. H.**
Berlin-Neukölln, Willi-Walter-Straße 32 38

Gaubschat, Berlin

Jahr	Chassis	Typ	Hubraum	PS	Entwurf	Radstand	Spurweite v/h	Achsen	Gewicht Chassis	Gewicht komplett	Verbrauch l	V max.	Preis	Menge	Kommission	Bemerkungen
Year	Make	Type	Capacity l	HP	Designer	Wheelbase m	Track front/rear m	Axles	Weight kg	Weight total kg	Consumption l	Speed km/h	Price	Specimen	Commission	Remarks
1934								2						1 ?		»Mende« Lieferwagen[1]
1935								2							Reichsbahn/ German Railways	Reichsbahn-Omnibus, in Stuttgart stationiert[2]
1936 …	Büssing							2					13 800 RM		Reichsbahn?/ German Railways?	– Trambus –[3] weitere Überland-Omnibusse in »Reichsbahn«-Gestaltung[4]

[1] »Mende delivery van [2] German Railways bus, stationed in Stuttgart [3] – Trambus – [4] Overland buses in »Reichsbahn« (German Railways) shape

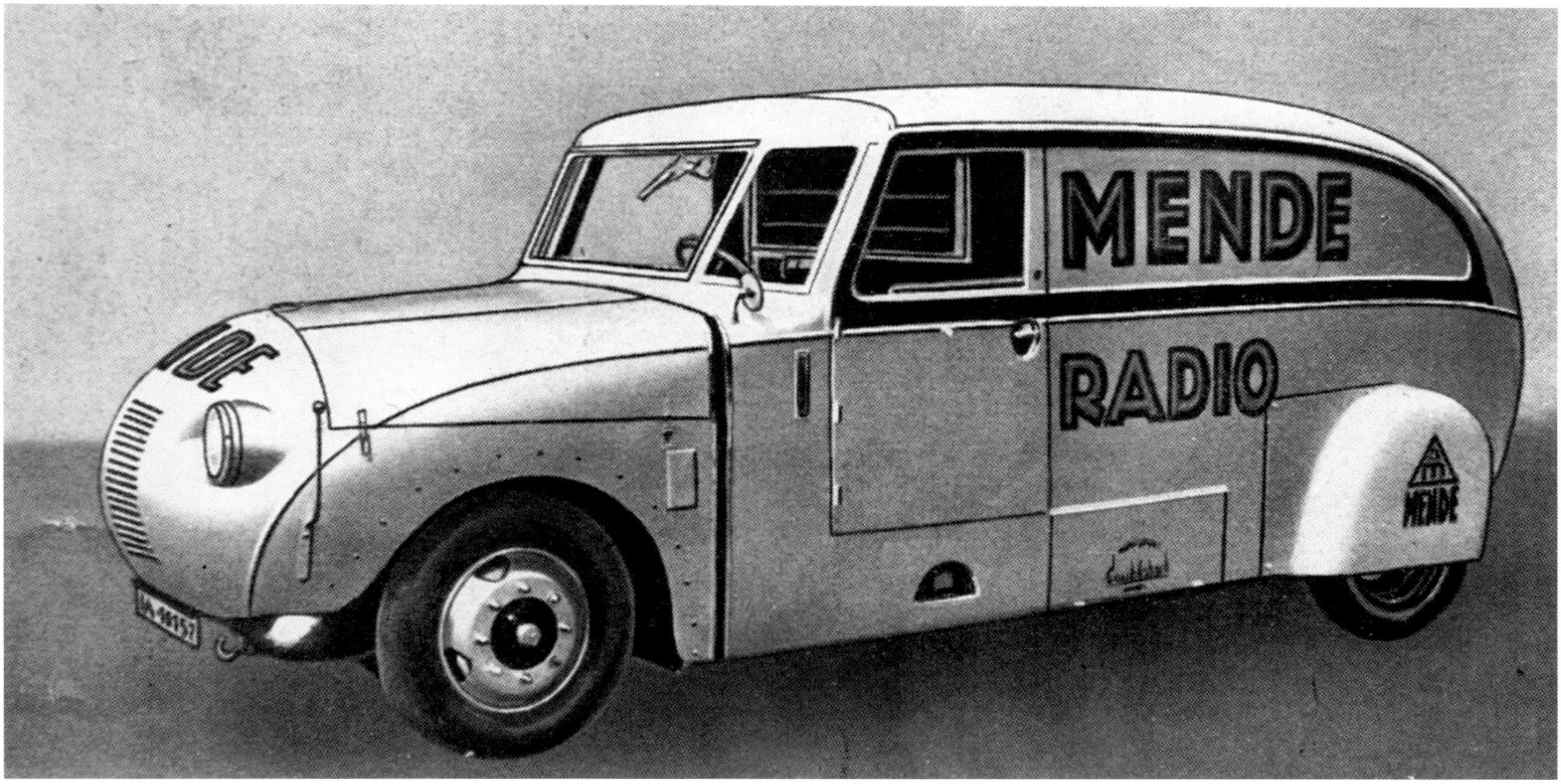

1

1 Werbe-Wagen für Mende-Radios, 1934 von Gaubschat karossiert. Die Gebrauchsstromlinie kündigt sich an.
2 Fritz Gaubschat 1937, im Alter von 60 Jahren.
3 Gaubschats Meisterstück: Ein Trambus in radikaler Linie auf Büssing-NAG-Chassis, 1936 vorgestellt.

2

1 This vehicle was used for advertising by Mende Radios, bodywork by Gaubschat (1934). The use of streamlining in commercial vehicles had begun.
2 Fritz Gaubschat at the age of 60 in 1937.
3 Gaubschat's masterpiece: a trambus with unconventional body mounted on a Büssing-NAG chassis. Presented in 1936.

3

VERKEHRSTECHNIK

ZENTRALBLATT FÜR DEN GESAMTEN LANDVERKEHR UND STRASSENBAU

Mit der Beilage: Straßenbau und Straßenunterhaltung

RAUSGEBER: Hauptgeschäftsführer Dipl.-O. WILLENBERG · Prof. Dr.-Ing. E. SE, Berlin · Dipl.-Ing. G. STROMMENGER, tmund · Präsident a. D. H. PAETSCH, Berlin ag ULLSTEIN A. G., Berlin SW 68

HEFT 8
Berlin · 20. April 1936

ORGAN: Reichsverkehrsgruppe Schienenbahnen · Verband Deutscher Kraftverkehrsgesellschaften · Internationaler Verein der Straßenbahnen, Kleinbahnen und der öffentlichen Kraftfahrunternehmen

BÜSSING-NAG

Was den BÜSSING-NAG Trambus auszeichnet:

1. Im Vergleich zum Omnibus der allgemein üblichen Bauart bietet der BÜSSING-NAG Trambus bei gleicher Gesamtlänge eine um 25 bis 40% bessere Ausnutzung des für die Unterbringung von Fahrgästen nutzbaren Raumes.
2. Bei gleichem Fassungsvermögen sind die Gesamtlänge und der Radstand der BÜSSING-NAG Trambus kürzer. Der Trambus ist also wendiger im Verkehr, ein Vorteil, der besonders beim Befahren enger und winkliger Straßenzüge ins Gewicht fällt.
3. Der Fahrer des BÜSSING-NAG Trambus hat von seinem weit vorn liegendem Führersitz einen besonders guten Überblick über das Straßenbild.
4. Die BÜSSING-NAG Trambus-Bauart ermöglicht eine für die Überwindung des Luftwiderstandes außerordentlich günstige und zugleich schöne Formgebung des Fahrzeugs.

BÜSSING-NAG · BRAUNSCHWEIG

4

5

4 Die Variante mit den Scheinwerfern unter dem Kühlergrill versteckt, ebenfalls 1936.
5 »Stromlinien-Flunder« mit Heckflosse. Aquarell aus dem Gaubschat-Katalog von 1934.

4 A second version also from 1936, with headlights hidden underneath the radiator grill.
5 "Streamline Flounder" together with fin. A water-colour from the Gaubschat catalogue of 1934.

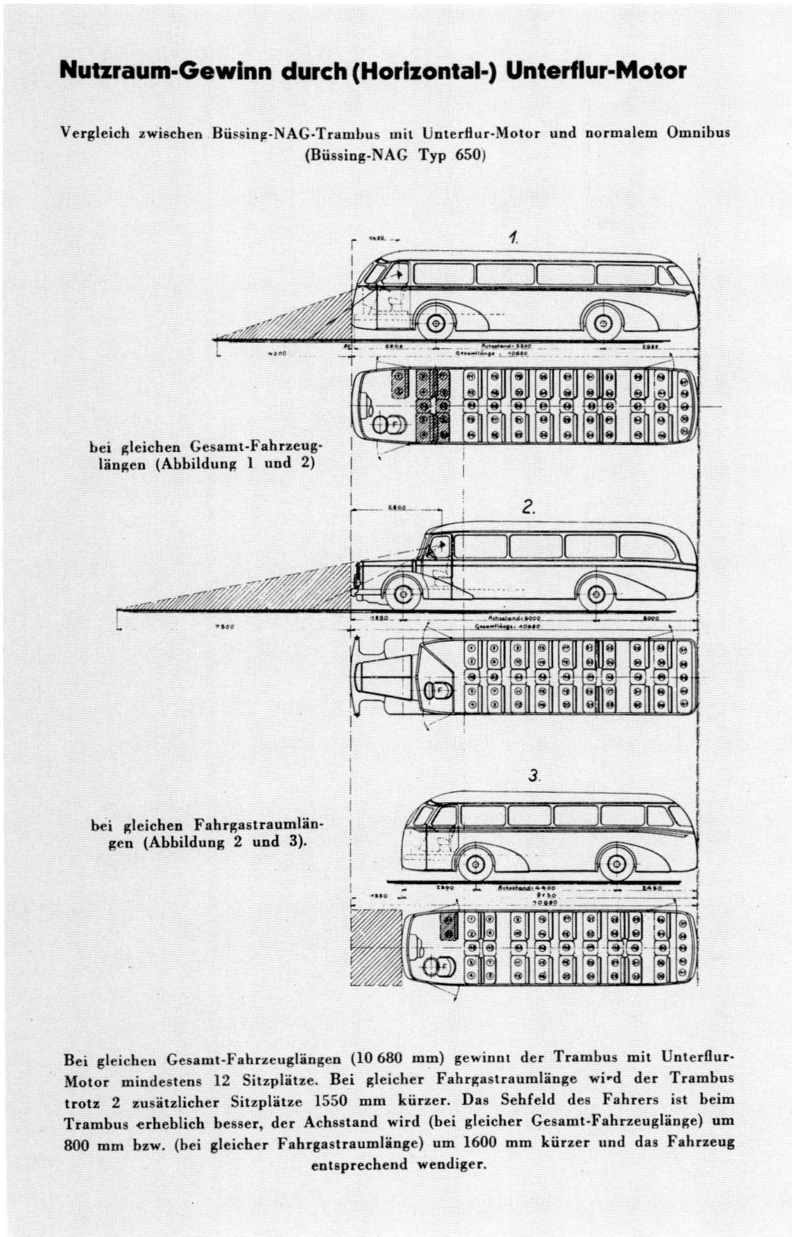

Nutzraum-Gewinn durch (Horizontal-) Unterflur-Motor

Vergleich zwischen Büssing-NAG-Trambus mit Unterflur-Motor und normalem Omnibus (Büssing-NAG Typ 650)

Bei gleichen Gesamt-Fahrzeuglängen (10 680 mm) gewinnt der Trambus mit Unterflur-Motor mindestens 12 Sitzplätze. Bei gleicher Fahrgastraumlänge wi·d der Trambus trotz 2 zusätzlicher Sitzplätze 1550 mm kürzer. Das Sehfeld des Fahrers ist beim Trambus erheblich besser, der Achsstand wird (bei gleicher Gesamt-Fahrzeuglänge) um 800 mm bzw. (bei gleicher Fahrgastraumlänge) um 1600 mm kürzer und das Fahrzeug entsprechend wendiger.

6

7

6 Vergleich zwischen dem Trambus und einem normalen Hauben-Omnibus, 1938.
7 Wie dieser Anzeige zu entnehmen ist, durfte auch Gaubschat für den Renommierkunden Deutsche Reichsbahn Schnellreisebusse karossieren.
8 Als gestalterische Resonanz darauf fertigte man normale Überland-Omnibusse mit stromliniger Frontpartie. Interessant ist der tropfenförmige Luftauslaß an der Motorhaube.

6 Comparison between a trambus and a conventional bus with bonnet, 1938.
7 This advert suggests that Gaubschat also constructed express coach bodies for a well-known customer namely the German railways.
8 As a "rub-off" from 7 above, standard overland buses were fitted with a streamline front. Note the drop-shaped air-outlet on the bonnet.

8

Karl Käßbohrer
Wagen- u. Karosseriefabrik
Ulm a. D.

Weithin unbekannt dürfte es geblieben sein, daß die Karl Kässbohrer Fahrzeugwerke GmbH, Ulm, in den frühen Jahren dieses Jahrhunderts eine ganze Reihe von Personenwagen karossierten, genannt seien nur Daimler, Opel, Adler und NSU. Das Hauptgeschäft blieb neben dem Omnibus-Aufbau jedoch bis heute der Anhänger-Bau. Omnibusse wurden in der 1893 gegründeten Firma schon sehr früh karossiert. Dem neu aufkommenden Trend zur Stromlinie verschloß man sich in Ulm nicht. Wie unsere Bilder zeigen, wurden etliche Hauben- und Trambusse in organisch abgerundeter Linie aufgebaut.
Die von Karl Kässbohrer und seinen Mannen karossierten Busse erfreuten sich auch bei ausländischen Verkehrsteilnehmern einer großen Beliebtheit, wie es die Geschichte eines 1936er-MAN-Busses zeigt, über die 1977 berichtet wurde.
Der mit vollverkleideten Rädern, einer abgerundeten Motorhaube und integrierten Scheinwerfern karossierte schneeweiße Reisebus stach erst der Deutschen Reichspost in die Augen, die ihn 1943 beschlagnahmen ließ. Im Jahre 1945 requirierten die französischen Besatzungstruppen den Wagen, um ihn als Transportgerät für Offiziersschüler einzusetzen. Dem Reiseunternehmer blieb nach etlichen Versuchen, sein einst für die stolze Summe von 28000 RM gekauftes Fahrzeug wieder zu beschaffen, nur die Erinnerung an einen stolzen Autobahn-Renner übrig.
Zu den Wagen mit der flüssigsten Linienführung dürfte ohne Zweifel der abgebildete Reisewagen für die Deutsche Reichsbahn gehören. Der Aerodynamiker hätte sich einen vorderen Kotflügel gewünscht, der langsam in die Seitenwand übergegangen wäre. Auch das unorganisch angebrachte Kennzeichenschild hätte einen anderen Platz verdient. Dennoch, ein recht schöner und erfolgreicher Aufbau, geliefert in mehreren Exemplaren für den Schnellverkehr auf den Reichsautobahnen.
Ähnliche Karosserien auf größeren Daimler-Benz-Chassis wurden ebenfalls an die Deutsche Reichsbahn geliefert. Einer dieser Wagen wurde 1940 als Modell im Windkanal des FKFS (Forschungsinstitut für Kraftfahrwesen und Fahrzeugmotoren an der Technischen Hochschule Stuttgart) vermessen. Den sorgfältigen Untersuchungen verdanken wir aufschlußreiche Erkenntnisse über diese Haubenbauart. Wie sich zeigte, ergab sich bei einer totalen Glättung der Wagenunterseite und einer Einebnung von Fenstervorsprüngen und dgl. eine Luftwiderstandsverbesserung um 40 (!) %. Durch eine leichte Formänderung des Hecks nach Art eines Heckspiegels oder abgeschnittenen Hecks konnte Platz für eine zusätzliche Sitzreihe gewonnen werden.
Eine eigene Busproduktion wurde völlig überraschend im Jahre 1951 bekanntgegeben. Ein selbsttragender Aufbau ähnlich wie beim modernen PKW verhalf dem Heckmotor-Wagen zu seinem Namen: SETRA.

It is little known that Karl Kässbohrer Fahrzeugwerke GmbH of Ulm built bodies for passenger cars for such firms as Daimler, Opel, Adler and NSU at the beginning of this century. The main line of business however was always trailer and coachwork building which the firm still practises to this day. The firm was founded in 1893 and soon started building coachwork for buses. As can be seen from our pictures of well-rounded trambuses and buses, Kässbohrer, from early on had a feel for streamlining.
Buses, which Karl Kässbohrer and his staff had provided with bodies, were also popular outside of Germany as the following story from 1977 illustrates.
In 1936 a snow-white MAN touring bus with fully covered wheels, rounded bonnet and integrated headlights attracted the attention of the German post office which later had it expropriated. In 1945 the French occupational troops requisitioned the bus for its officer candidates.
The original owner, a travel agency, which had bought its express motorway vehicle in 1936 for 28000 Reichsmark tried without success to regain it and was left only with pleasant memories.
The touring vehicle of the German railways depicted here without doubt can be classed amongst those with the smoothest styling. An aerodynamicist would have preferred a front mudguard that blended better into the sides and a different place for the number plate. Nevertheless, it was an attractive and successful body and a number were delivered for high-speed motorway transport.
Similar bodies on larger Daimler Benz chassis were also supplied to the German railways and, in 1940, a model of one was tested in the windtunnel of the FKFS (Forschungsinstitut für Kraftfahrwesen und Fahrzeugmotoren at the technical university in Stuttgart). The measurements carried out have preserved valuable information about these buses with their characteristic bonnets. Tests showed a drag reduction of 40 percent (!) after the underside had been covered and protruding windows recessed. A slight modification to the tail of the vehicle into a cut-off type rear made room for an additional row of seats.
In 1951 a surprise announcement was made that a vehicle was to go into production using an integrated body construction similar to that of modern passenger cars. This led to its name SETRA (an abbreviation of selbsttragend = self supporting).
The favourable shape enhanced its performance considerably. The technical press listed further advantages amongst them an air-conditioning unit which carried out the functions of heating, ventilation and demisting of windows. The constructional concept, which utilised a light-

Eine günstige Formgestaltung sorgte für gute Fahrleistungen. In der Fachpresse wurden als weitere Pluspunkte u. a. genannt: Eine Klimaanlage, d. h. eingebaute Heizung, Frischluftzuführung und Entfrostung für die Scheiben. Das Aufbauprinzip mit dem leichten Rahmengerippe ließ eine Art von Baukasten-Herstellung zu: Benötigte Zusatz-Seitenflächen konnten als vorgefertigte Abschnitte integriert werden.
Aus diesem Setra S-8-Prototyp wurde eine ganze Baureihe von kleineren und größeren Reisebussen entwickelt. Der 1955 vorgestellte kleinste Bus dieser Baureihe namens »S 6« war wohl der erste Vollschwingachser im Omnibus-Bau. Man versuchte sich hier sogar an einer Federung aller Räder durch Gummi-Elemente. Wie die zeitgenössische Presse berichtete, »... macht sich durch diese radikale Lösung des Federungsproblems alle Vorteile der neuzeitlichen Personenwagenfederung zu eigen und verleiht damit dem Kleinautobus einen ungekannten Fahrkomfort.« Damit war, zusammen mit der selbsttragenden Bauweise, die Abkehr vom konservativen Lastwagen-Chassis vollzogen. Der Bus wurde »volljährig«.
Fast 10 Jahre nach dem Start des Namens SETRA wurde die Stromlinienerfahrung der Kässbohrer-Spezialisten noch einmal genutzt: Auf einem Büssing-Trambus-Chassis als Grundlage wurde 1957 eine Stromlinienkarosserie in vollendeter Linie konstruiert. Vier Wagen mit der gleichen Karosserie (wenn man von Radausschnitt- und Fensterformen einmal absieht) wurden gebaut: Je einer für die Firmen Metzeler und Veith B. F. Goodrich sowie 2 für Fulda. Damit war der Verwendungszweck schon klar, denn diese Reifenversuchsbusse sollten durch ihre Formgebung eine hohe Geschwindigkeit entwickeln, um die Abnutzung handelsüblicher Reifen feststellen zu können. Mit einer Sondergenehmigung für die Autobahn durften die erreichten 140 km/h auch tatsächlich gefahren werden – bis zur völligen Zerstörung der Hinterreifen. An der Hinterachse wurden jeweils zwei kleinere Abfangreifen untergebracht, wodurch die größeren Versuchsreifen auf Wunsch bis zur Zerstörung gefahren werden konnten. Damit nun auch höhere Kurvengeschwindigkeiten möglich wurden, plazierten die Fachleute von Kässbohrer gußeiserne Gewichtsblöcke in einem flachen, länglichen Kasten auf dem Boden des eigens dafür geschaffenen Ballastraumes. Damit wurde ein niedriger Schwerpunkt erreicht.
Als weitere Ausstattung dieser 3 Busse wurden genannt: Zählwerke, Meß- und Beobachtungsgeräte, alle untergebracht in einem Laborraum, der auch als Büro diente. Die Abdeckung über den Radkästen ließ sich gegen eine Plexiglashaube auswechseln, wodurch das Reifenverhalten während der Fahrt beobachtet werden konnte. Für Fahrer und Versuchsingenieure wurde eine geräumige Kabine mit schaumgummigepolstertem Bett und ein Schrankwaschtisch mit fließendem Wasser eingebaut.
Als kleine Erinnerung an die großartige Zeit der Stromlinien-Busse in den 30er Jahren hatte man sich sogar an ein Heckflößchen gewagt. Interessant war auch die Ausführung der unteren Heckpartie in Form einer Art von Tragflügelauslauf, auf den sich das schrägablaufende Oberteil stützte. Einer dieser Schnellbusse konnte immerhin bis 1969 in seiner Geschichte verfolgt werden, von den anderen Wagen verlor sich jede Spur ...

weight framework to carry the body panels, enabled additional or replacement side walls to be pre-built and then simply fitted in.
From this SETRA S 8 prototype a whole range of larger and smaller touring buses were built. The smallest bus, the S 6, introduced in 1955, was the first with fully independent suspension. It was an attempt to mount all wheels on rubber. The press reported: "... this radical solution to the suspension problem incorporates all modern features of passenger vehicle suspension and gives the small bus a hitherto unknown ride." This, together with its integral construction method, completed the turn away from conservative truck chassis. The bus "came of age".
About ten years after the start of SETRA, Kässbohrer's streamline experience was put to use again. In 1957 a fully streamlined body was built on to a Büssing trambus chassis. Four vehicles with identical bodies (if one disregards wheel arches and window shapes) were built: one for each of the firms Metzeler, Veith/B. F. Goodrich and two for Fulda. These buses, with their special shapes, were to test the tyre wear of commercial tyres at high speed. Special permission allowed them to travel at 140 km/h on the motorway – and test the tyres to destruction. Two smaller secondary tyres were fitted to the rear axle to "catch" the bus when the tyres under test failed. To permit higher cornering speeds, the Kässbohrer specialists placed cast iron weights on the floor in special ballast boxes. This effectively lowered the vehicle's centre of gravity.
Additional features included: monitoring and measuring instruments mounted in the bus, which itself served as laboratory and office. The wheel arches had removable plexiglass windows to observe the tyres while underway. The driver and research engineer were accommodated in a roomy cabin fitted with such luxuries as a foam bed, washing basin and running water.
As a reminder of the heyday of streamline buses during the thirties, a small rear fin had also been added. An interesting feature was the two lateral fins at chassis level and the sloping rear end which blended with them.
The history of one of these buses can be traced up to 1969, the fate of the others is unknown ...

Literatur

Kröner, P., Schicksal eines Stromlinien-Omnibusses in: Automobil-Chronik Nr. 1/77, S. 15

derselbe: Stromlinie war gefragt, in: Omnibus-Revue

Luftwiderstandsmessungen und Strömungsuntersuchungen an dem Modell eines Reichsbahnbusses in: ATZ, Heft 21, 1940

Der Fulda-Blitz – ein moderner Versuchswagen (Hauszeitschrift, 1961), S. 9–11

Kässbohrer »SETRA-BUS«, in: Auto und Kraftrad, Nr. 5, 1952, S. 12/13

Kässbohrer-Bus »SETRA«, in: Das Auto Motor und Sport, 7/1952, S. 225

Neue und bewährte Bus-Typen auf der IAA 1953, in: Der Bus 5/1953, S. 124

Deutsche Omnibusse, in: Motor-Rundschau-NKZ 5/1954, S. 154

Wohin rollst Du, Bus?, in: Motor-Rundschau-NKZ, 20/1954, S. 735

Kässbohrer SETRA S 6, in: Krafthand, Heft 7, 1. April 1955, S. 169

Kleinautobus auf neuen Wegen, in: Automobil Revue (CH), Nr. 17, 6. April 1955, S. 19

Kässbohrer Setra S 6, in: Das Auto Motor und Sport, 8/1955, S. 35

1000 SETRAS, in: Motor-Rundschau 3/1956, S. 72

Das Nutzfahrzeug, November 1957

Kässbohrer, Ulm

Jahr	Chassis	Typ	Hubraum	PS	Entwurf	Radstand	Spurweite v/h	Achsen	Gewicht Chassis	Gewicht komplett	Verbrauch l	V max.	Preis	Menge	Kommission	Bemerkungen
Year	Make	Type	Capacity l	HP	Designer	Wheelbase m	Track front/rear m	Axles	Weight kg	Weight total kg	Consumption l	Speed km/h	Price	Specimen	Commission	Remarks
1935–1939								2								Diverse Stromlinienaufbauten, z.T. für die Deutsche Reichsbahn[1] z.B. 3 M.A.N.-Busse, ca. 1935/36, »Z«-Chassis, 70 PS[2]
1951	SETRA	S 8						2								Prototyp/Prototype
1955	SETRA	S 6						2								»Baby«

[1] Various streamline bodies, some for the German Railways [2] eg. 3 MAN buses, approx. 1935/36, »Z«-Chassis, 70 hp

1 Der Scheinwerfer steht noch frei, aber der sanft gerundete Übergang von der Motorhaube zum Kotflügel deutet schon Kommendes an.
2 Klassischer Hauben-Bus auf Mercedes-Chassis. Konservative Kotflügel-Gestaltung verbindet sich hier mit dem modernen Attribut des integrierten Scheinwerfers.

1 The headlight protrudes, but the smooth line from bonnet to fenders hints at things to come.
2 Classic bonneted bus on Mercedes chassis. A combination of a classic shape of fender with modern, integrated headlights.

Wir suchen zu sofortigem Eintritt:

einen selbständigen
Karosseriekonstrukteur

einen erfahrenen
Teilekonstrukteur
für Omnibusse und Spezialaufbauten und

1 Betriebsassistenten
für Anhängerbau.

Angebote mit Lebenslauf, Lichtbild, Zeugnisabschriften und Angabe des Eintritts erbeten.

Karl Kässbohrer,
Wagen- und Karosseriefabrik
Ulm a. D.

3

3 Ein Trambus vom Erfinder der Trambus-Form:
Büssing-NAG-Chassis mit wohlgerundetem Aufbau, wenn auch noch ohne die damals so schicken vollverkleideten Hinterräder.

3 A trambus from the inventor of the trambus shape:
Büssing-NAG chassis with rounded body but without the then fashionable fully-covered rear wheels.

4 1935 gebauter MAN-Bus auf »Z«-Chassis mit 70pferdigem 6-Zylinder-Dieselmotor. Der auf Treibgas oder Benzinbetrieb umstellbare Motor sollte dieser Kässbohrer-Karosserie angeblich zu einer Spitze von 130 km/h verhelfen, was trotz der vielen Rundungen mit Fug und Recht angezweifelt werden darf. Wie es scheint, wurden nur 3 Busse in dieser Form karossiert. Die Linie galt damals als sehr modern, der vordere Kotflügel-Auslauf dürfte aber aerodynamisch nicht sehr günstig gewesen sein.

4 MAN bus on a "Z" chassis with its 70 hp, 6-cylinder diesel engine, built in 1935. The engine, which could be converted from petrol to gas was claimed to give the vehicle a top speed of 130 km/h which, even with the many roundings, seems unlikely. It appears that only 3 buses were fitted with bodies of this shape, which was considered ultra-modern. The fender, from an aerodynamic viewpoint, leaves a lot to be desired.

4

5 Eleganter Reichsbahn-Omnibus auf Mercedes-Chassis, bei dem sich der Aerodynamiker wohl nur einen sanft in die Seitenwand übergehenden Kotflügel mit voller Radabdeckung gewünscht hätte.

5 Elegant motorway bus on Mercedes chassis. An aerodynamicist would have preferred fenders which smoothly blend into the sides and covered front wheels.

6 Ein weiterer Reichsbahn-Omnibus von Kässbohrer, bei dem die Frontpartie noch recht ungelenk gestaltet ist.

6 Another Kässbohrer motorway bus with a somewhat clumsily shaped front.

Sonderabdruck aus „ATZ Automobiltechnische Zeitschrift", Stuttgart 1940, Heft 21

Luftwiderstandsmessungen und Strömungsuntersuchungen an dem Modell eines Reichsbahnomnibusses[1)]

Untersuchungen des Forschungsinstituts für Kraftfahrwesen und Fahrzeugmotoren an der Techn. Hochschule Stuttgart

1. Luftwiderstandsmessungen

Der Luftwiderstand des möglichst naturgetreuen Modells eines Reichsbahnomnibusses im Maßstab 1 : 10 und mit einer Projektionsfläche in Fahrtrichtung $F = 0{,}0624\ m^2$ wurde über einer ebenen Platte im Windkanal des Forschungsinstituts für Kraftfahrwesen und Fahrzeugmotoren in Stuttgart untersucht (Bild 1, 2 u. 3). Die Luftwiderstandsmessungen wurden mit Windgeschwindigkeiten von 25 bis 45 m/s durchgeführt.

Die Luftwiderstandsmessungen der Ausgangsform des Modells ohne Kühlluftdurchfluß ergaben einen Luftwiderstandsbeiwert $c_w = 0{,}451$.

1) Die Versuche wurden teilweise mit Unterstützung des Reichsverkehrsministeriums durchgeführt.

Bild 1. Reichsbahnomnibus. Fahrgestell Mercedes-Benz. Karosserie Käßbohrer

Bild 2. Modell des Reichsbahnomnibusses im Maßstab 1 : 10

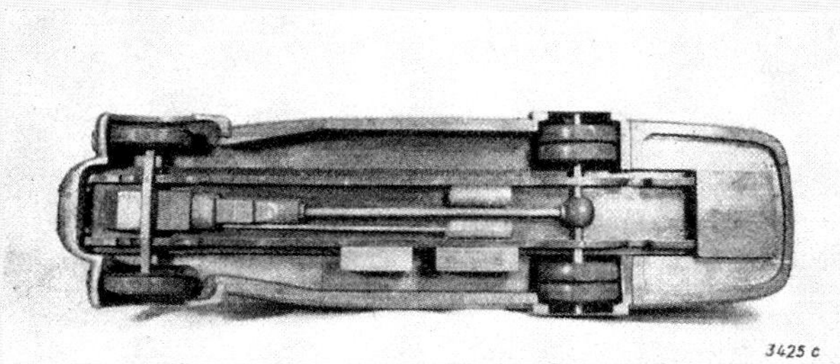

Bild 3. Ansicht des Omnibusmodells von unten

Bild 4. Modell des Reichsbahnomnibusses ohne die strömungsstörenden Aus- und Anbauten

Bild 5. Unterseite des Omnibusmodells nach Abdeckung

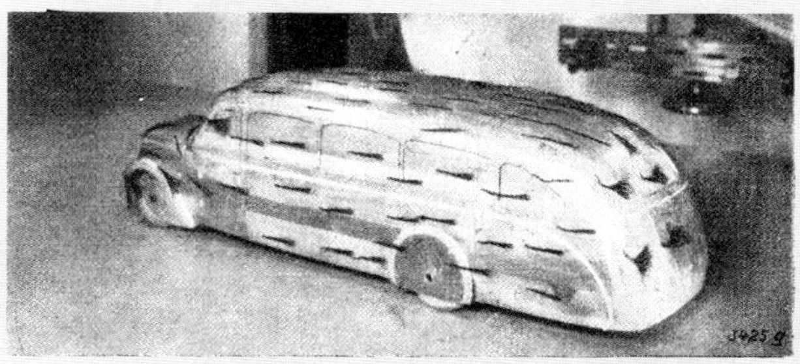

Bild 6 und 7. Anströmung des Omnibusmodells ohne strömungsstörende Aus- und Anbauten

Bild 8 und 9. Omnibusmodell mit Heckänderung. Sanfte Verjüngung bis zum Heckspiegel

7

7 Dieser Omnibus wurde 1940 im Stuttgarter Forschungsinstitut FKFS bei Modellversuchen gründlich durchgetestet.

7 A model of this bus was thoroughly tested in 1940 by the FKFS in Stuttgart.

Einen 32-sitzigen, modernen Fern-Reiseomnibus auf Daimler-Benz 4 to-Fahrgestell. Dieses Fahrzeug unterscheidet sich schon rein äusserlich vom Normal-Omnibus durch seine den höheren Reisegeschwindigkeiten angepasste, windschlüpfige Form, die sich aber bewusst von der reinen Stromlinienform fernhält, die sich bei einem Omnibus praktisch nicht ohne einen unverhältnismässig grossen Verzicht auf Sitzplätze und Nutzraum ausführen lässt. Die Innenausstattung ist ebenfalls für die Bedürfnisse eines ausgesprochenen Fernreisewagens abgestimmt. Tiefe, weichgepolsterte Plüschsessel mit Armlehnen gewähren ein ermüdungsfreies Reisen auch bei grossen Tagesdurchschnitten. Die Rückwand ist mit einer praktischen, abnehmbaren Vorrichtung zur Mitnahme von Schneeschuhen versehen.

Details of a public-relations letter for Kässbohrer's bus, shown p. 42 top (1939).

8

8 Ur-SETRA S 8 von 1951. Revolutionär wirkte weniger die abgerundete Linie oder der Heckmotor, die selbsttragende Karosserie war es, die alle Fachleute beschäftigte.

8 The original SETRA S 8 of 1951. The integral body, more than the rounded shape or rear engine, interested the specialists.

9 SETRA-»Baby« S 6 von 1955. In der Gesamtlinie voll angenehmer Rundungen, im Detail wohl weniger günstig gestaltet. Vereinzelt sieht man noch heute diese Busse, allerdings mehr wegen ihrer Eignung zum Wohnmobil-Umbau.

9 SETRA "Baby" S 6 of 1955. An overall well-rounded shape, but certain specific features could be improved. Today a number of these buses are still on the road mainly because they are easily converted to camping vehicles.

9

10

10 Reifen-Versuchsbus von 1957 auf Büssing-Chassis. Hier wurde bewußt eine Gestaltung auf günstigen Luftwiderstandsbeiwert hin vorgenommen.

10 Bus on Büssing chassis used in 1957 for testing tyres. This body was built with a view to lowering the coefficient of drag.

11 Diese Busse, hier ein ähnliches Exemplar für Veith B. F. Goodrich, waren fast identisch gestaltet. Gemeinsam war ihnen allen die weitgehend verkleidete Fahrzeugunterseite, wodurch Geschwindigkeiten bis zu 140 km/h gefahren werden konnten.

11 The buses were all virtually identical, here one built for Veith B. F. Goodrich. They all had a covered underside, which made speeds of up to 140 km/h possible.

11

12 Hier eines von zwei an die Gummiwerke Fulda ausgelieferten Exemplaren. Wie die Fulda-Hauszeitschrift 1961 berichtete, waren diese 11,20 m langen Versuchsfahrzeuge mit einem Labor, Schlafgelegenheit und allen erforderlichen Meßgeräten ausgestattet, um die äußeren Hinterreifen bis zur Zerstörung ausfahren zu können.

12 Here we have one of the two buses supplied to the rubber company, Fulda. Fulda's works magazine reported in 1961 that these 11,20 m long test vehicles were equipped with a laboratory, sleeping quarters and all the instruments necessary to test the outer rear tyres, to destruction.

LUCHTERHAND & FREYTAG

Die Wagenbaufirma von August Luchterhand in Berlin-Rixdorf baute seit ihrer Gründung im Jahre 1899 ausschließlich Nutzfahrzeugaufbauten. Früh karossierte man Kraftfährzeuge. Nach einer Erweiterung der Firma unterzeichnete man Luchterhand & Freytag. Helmuth Luchterhand als Sohn des Firmengründers zeichnete die Aufbauten. Hergestellt wurden bis heute (die alte Karosseriefabrik hat ihren Sitz seit 1927 in Berlin-Tempelhof) ausschließlich Nutz- und Reklameaufbauten.
Zeitungs-Auslieferungswagen für den nahegelegenen Ullstein-Verlag wurden des öfteren bei Luchterhand & Freytag aufgebaut. 1931 verlangte es Rudolf Ullstein nach etwas Besonderem: Ein neuer, schnellerer Lieferwagen sollte der Konkurrenz aus dem Hause Scherl zeigen, daß Ullstein mit Dynamik gleichzusetzen wäre. Hersteller des Aufbaues sollte wieder die bewährte Mannschaft von Luchterhand & Freytag werden. An der Gestaltung des Wagens wurde nicht gespart: Edmund Rumpler, seinerzeit nicht nur durch seinen Rumpler-Tropfenwagen von 1921 bekanntgeworden, hatte 1929 ein Nutzfahrzeug-Fahrgestell mit Frontantrieb auf der Prager Messe ausgestellt. Eine ähnliche Konstruktion bot ja die Firma VOMAG an. Rudolf Ullstein wünschte das Beste, also setzte sich Meister Rumpler an das Reißbrett und entwickelte ein entsprechendes Chassis. Die mittels einer Querblattfeder abgestützte Vorderachse trug vor sich einen Sechszylinder-Maybach-Motor. Zwei Hinterachsen mit wesentlich kleineren, doppelt bereiften Felgen schlossen das Chassis ab. Wie Helmuth Luchterhand berichtete, saß der Fahrer in diesem Wagen fast auf dem Motor. Die Detailzeichnungen zu diesem Aufbau lieferte wieder Helmuth Luchterhand. In der Deutschen Fahrzeug Technik wurden damals als weitere Entwerfer die Namen Cucuel/Offelsmeyer genannt. Vorgesehen war auf jeden Fall eine Synthese aus starkem Motor (also Maybach) und stromlinienförmiger Karosserie. Alle Beteiligten an diesem Entwurf drängten auf eine »reine« Stromlinienform, aber Rudolf Ullstein als Initiator verlangte die Dachform seiner Berliner Ullstein-Lieferwagen. Auch seine Seebäderdienst-Wagen auf Basis Mercedes-Kompressor 15/70/100 PS trugen diese Dachlinie. Bekanntlich brachten diese Fahrzeuge seine Zeitungen im Schnellverkehr an die Ostseebäder. Die ungünstige Dachform und der weit vorgebaute Kühler war dem Stromliniengedanken nicht gerade förderlich. Wie zu erwarten, wurde mit diesem Einzelstück, eingesetzt auf der Strecke Berlin – Magdeburg – Dessau – Berlin, nicht die von Ullstein erwartete Geschwindigkeit von 100 km/h erreicht. Man behalf sich durch den Einbau des 200 PS-12-Zyl-Motores von Maybach. Wie Helmuth Luchterhand berichtete, wurde dieser Wagen gegen 1942/43 stillgelegt. Bei einer der vielen Kriegsbombardierungen verbrannte er in

August Luchterhand's coachwork firm in Berlin-Rixdorf built bodies for commercial vehicles from the time it was established in 1899 and, with the advent of the automobile, extended its production into this field. Later, after the firm had grown somewhat, it was renamed Luchterhand & Freytag. Helmuth Luchterhand, son of the founder, was responsible for the design of the bodies. In 1927 the firm changed its premises to Berlin-Tempelhof, where it still resides to this day. Then as now, the business centred around the construction of vehicle bodies for commercial and advertising purposes.
Luchterhand & Freytag supplied the nearby publishing firm Ullstein with bodies for newspaper delivery vans. In 1932 Rudolf Ullstein decided to show his rival Scherl that Ullstein meant "speed" and ordered a new, fast delivery van. Luchterhand & Freytag were to build the body. No effort was spared and the well-known designer/engineer Edmund Rumpler was engaged to design the body. Rumpler had made a name for himself with, among other things, his famous tear drop shaped vehicle of 1921 and a front wheel drive unit cum chassis for a commercial vehicle, which had been exhibited at the trade fair in Prague in 1929. The firm VOMAG had a similar construction already on the market. Rudolf Ullstein wanted the best, so Rumpler also designed a suitable chassis. The front axle was mounted on a transverse leaf spring and a 6-cylinder Maybach engine was situated in the front of the vehicle. A double rear axle arrangement with smaller than usual twin-tyre hubs completed the chassis. According to Helmuth Luchterhand, the driver of the vehicle virtually sat over the engine. Principally Helmuth Luchterhand was responsible for the design of the bodywork and, according to the "Deutsche Fahrzeug-Technik" Cucuel and Offelsmeyer also had a say in it. The idea was to combine the merits of a powerful engine (Maybach) and a streamline body. All those involved in the design were in favour of a "pure streamline" shape but Rudolf Ullstein, as initiator of the project, had the last word and insisted on the roof shape of his Ullstein delivery vans. These seaside resort service vans were based on the supercharges 15/70/100 hp Mercedes chassis.
They provided an express service for his newspapers to the seaside resorts on the Baltic coast. The unfavourable roof shape and protruding radiator did not promote streamline flow and, during a trial run Berlin – Magdeburg – Dessau – Berlin, the vehicle did not attain the speed of 100 km/h which Ullstein had hoped for. Performance was later improved with a larger 12-cylinder 200 hp Maybach engine. Helmuth Luchterhand reports that the vehicle was put out of action in 1942/43 and later destroyed by fire during an air raid. That was the end of a streamline truck which, during its time, had caused a great sensation.

einem Schuppen. Das war das Ende eines Stromlinien-Lastwagens, der seinerzeit viel Staub aufgewirbelt hatte.
Die Karosseriefabrik Luchterhand & Freytag existiert als angesehene Spezialfirma noch heute in Berlin-Tempelhof.

Luchterhand & Freytag, the coachwork builders, are still to this day a reputable firm in Berlin-Tempelhof.

1 Die gute Idee des Edmund Rumpler blieb mehr im Dekor stecken: Strömungshemmnisse wie klassischer Kühler und kantiger Dachaufbau hinderten den Lieferwagen an der geforderten Geschwindigkeitsleistung.
2 Nur aus dieser Ansicht wirkte der Aufbau strömungsgünstig. Die hintere Doppelachse mit den verhältnismäßig kleinen Rädern sollte vermutlich für einen durchgehend ebenen Ladeboden sorgen. Es darf vermutet werden, daß der Karosseriegestalter Offelsmeier die Linie des Wagens entwarf. Leider blieb alles zweidimensional gedacht.

1 Edmund Rumpler's ideas where largely confined to the dècor: The smooth flow of air was disturbed by the classic radiator and angular roof shape which reduced the top speed.
2 From this angle the body appears more streamlined than it really is. The double rear axle with relatively small wheels was probably to provide a flat loading area. It can be assumed that the body shape was designed by Offelsmeyer. Unfortunately the concept is only two-dimensional.

3

3 Ein VOMAG-Vorderradantriebsaggregat, wie es in ähnlicher Form wahrscheinlich bei diesem Lieferwagen zum Einsatz kam. Ein 6-Zylinder-Maybach-Motor sorgte für den Antrieb. Später mußte ein 8-Liter-12-Zylinder-Motor derselben Firma für mehr Geschwindigkeit sorgen.

3 A VOMAG front wheel drive unit. A similar construction was probably used for Ullstein's delivery van. Power was supplied by a 6-cylinder Maybach engine. An 8 litre 12-cylinder Maybach engine was later installed to improve the performance.

4 Haupttätigkeitsgebiet des Hauses Luchterhand & Freytag waren Reklame-Fahrzeuge, wie beispielsweise der abgebildete ARWA-Bus von etwa 1937.

4 Luchterhand & Freytag mainly constructed vehicles for advertising like this ARWA bus from around 1937.

4

Luchterhand & Freytag, Berlin

Jahr	Chassis	Typ	Hub-raum	PS	Entwurf	Radstand	Spurweite v/h	Achsen	Gewicht Chassis	Gewicht komplett	Verbrauch l	V max.	Preis	Menge	Kommission	Bemerkungen
Year	Make	Type	Capacity l	HP	Designer	Wheelbase m	Track front/rear m	Axles	Weight kg	Weight total kg	Consumption l	Speed km/h	Price	Speci-men	Commission	Remarks
1931	Rumpler				Cucuel-Offels-meyer			3				Soll: 100*		1	Verlag Ullstein, Berlin/ Publishing company Ullstein, Berlin	6-Zyl. Maybach-Motor, später ausgetauscht gegen V12-Motor[1] Tragfähigkeit des Chassis: 4,5 to[2] Möglicherweise Frontantrieb[3] Etwa 1942/43 stillgelegt – im Kriege in einem Schuppen verbrannt.[4]

* Nur mit V12-Motor (200 PS) erreicht/ Only attained with a V12 engine (200 hp)

[1] 6-Cylinder Maybach engine, later exchanged for V12 engine

[2] Loading capacity of chassis: 4,5 t

[3] Possibly front wheel drive

[4] Taken out of service 1942/43 – destroyed by fire during the war

Als Krupp noch Omnibusse anbot ...
Aus einem Prospekt von ca. 1936.

Die moderne Stromlinien-Form verlangt nach einem sachlichen »Bauhaus«-Hintergrund – ungewöhnliche Illustration für eine »völkische« Zeit.

When Krupp supplied buses ...
From a prospectus of around 1936.

Im Stromlinienbus durch Deutschland reisen – Prospekt-Titelblatt von etwa 1936.

Travelling through Germany in a streamline bus – title page to a prospectus of around 1936.

Vetter-Prospekt von 1936.

Vetter prospectus from 1936.

Im Jahre 1922 gründeten die Brüder Josef und Rudolf Ludewig in Essen-Altenessen, im Herzen der Industrielandschaft Ruhrgebiet, eine Karosseriewerkstatt. Als Stammkapital stand ihnen die damals beachtliche Summe von 200 000,– RM zur Verfügung. Mit Hilfe dieses Kapitals und des Einsatzes von Josef Ludewig, seines Zeichens Ingenieur, für den Bau von Omnibus-Karosserien wurde aus der kleinen Werkstatt schnell eine Karosseriefabrik im Sinne des Wortes. 1931 wurden die ersten Ludewig-Omnibusse karossiert. Kaum daß die deutschen Reichsautobahnen dem Verkehr übergeben waren, suchte Josef Ludewig schon um eine Jaray-Lizenz zum Bau stromlinienförmiger Karosserie nach. Das dürfte um 1935 gewesen sein. An der Steeler Str. 199 in Altenessen sah der Anwohner dieser Straße bald die ersten, gerade fertiggestellten »Aero«-Fernbusse stehen. Die Brüder Ludewig hatten sich diesen Begriff, wohl passend im aufkommenden Zeitalter der »Stromlinie«, schützen lassen. Die ersten Aero-Aufbauten waren zwar alles andere als aerodynamisch, dafür zeichneten sie sich schon damals durch ausgiebige Verwendung von Leichtmetall und einen extrem tiefliegenden Schwerpunkt aus. Erreicht wurde dieser durch ein eigens erdachtes Aufbausystem, bei dem kein Mittelgang wie üblich vorhanden war. Der Laufgang war an der Seite des Aufbaues angeordnet und lag hier erheblich tiefer als die Rahmenoberkante. Als Resultat konnte die Gesamthöhe der Karosserie außerordentlich niedrig gehalten werden. Das verwendete Fahrgestell stammte vom Opel-Blitz.
Schon bei diesem ersten Aero-Fernbus wurde Komfort großgeschrieben: »Die Sitze ›aus Schlaraffia-Polstermaterial‹ sind von einem bisher nicht gekannten Komfort, mit größerer Sorgfalt studiert und ausgeführt, als bei Personenwagen im allgemeinen üblich.« Für die Polsterbezüge wird die erste Qualität Auto-Rindleder verarbeitet. »Ein Eisbehälter, groß genug für 1/2 Stange Eis und 20 Flaschen Getränke, wird mitgeliefert.« Natürlich gab es auch ein Rolldach und »Radzierkappen in verchromter Ausführung gehören zu unserer regulären Karosserie-Ausstattung.« In den folgenden Jahren wagten sich die Ludewig-Gebrüder auf das Gebiet des echten Stromlinien-Aufbaues. Jede Automobilausstellung zeigte ihre neueste Creation, selbstverständlich auf Opel-Blitz-Chassis. Doch der Reihe nach: Noch 1934 wurde der Nachfolger des ersten Aero-Fernbusses vorgestellt. Eine vollkommen abgerundete Kühlerpartie mit integrierten Scheinwerfern und einer gut gelösten, abgerundeten Dachlinie wurde durch zwei (!) modische Heckflossen gekrönt. Das Stromlinienheck bekam durch diese Stabilisierungsflossen eine auffallende Note, noch verstärkt durch Längsstreifen, im Foto gut sichtbar, die sich bis zur Dachmitte hinaufzogen. Die Hinterräder waren weitgehend verkleidet. Alles in allem ein gefälliger Aufbau, dessen

In 1922 the brothers Josef and Rudolf Ludewig founded a coachwork firm in Essen-Altenessen in the heart of the Ruhr area, the country's industrial centre. The starting capital amounted to 200 000,– Reichsmark, a considerable sum in those days. With this financial backing and Josef Ludewig's experience as an engineer, the firm set to work building bodywork for buses and soon grew into a factory. In 1931 the first Ludewig buses left the works. As soon as the German motorways were opened to traffic, Josef Ludewig applied for a Jaray licence to build streamline bodies, which is assumed to have been around 1935. Not long afterwards residents of Steeler Street in Altenessen caught a glimpse of the first "Aero" touring buses outside of No. 199. The name Aero was very suitable in the age of the streamline and the Ludewig brothers registered this trade-mark. The first Aero bodies could not be called aerodynamic, but were characterised by the generous use of light metals and an extremely low centre of gravity. This was achieved by moving the conventional central axle to the side and placing it below the frame members, which resulted in an overall reduction of body height. An Opel Blitz chassis formed the basis of this model.
Comfort was the main objective with the first Aero touring bus: "The seats" made of "Schlaraffia Polster material" offer a hitherto unknown comfort and are the result of a research programme that most passenger vehicle manufacturers would consider extravagant. "Other luxuries include first class leather seat covers", "an ice bucket large enough to accommodate 20 bottles and half a block of ice", one sunshine roof and "decorative, chromed hub caps. The latter are standard fittings." In the years that followed the Ludewig brothers entered the field of true streamline shaped bodies. At every automobile exhibition a new Ludewig creation on the customary Opel Blitz chassis was on show. Developments were as follows: In 1934 the successor to the first Aero bus was completed. A fully rounded radiator with integrated headlights and a well conceived rounded roof was crowned by two (!) fashionable rear fins. The streamline shaped rear was characterised by these stabilising fins, which were accentuated by two horizontal stripes running right up to the centre of the roof (clearly visible on the photo). The rear wheels were virtually covered. All in all an attractive body with an overall height of about 2 metres, made possible by the Ludewig concept of lowered aisles. This particular model had 2 aisles, one on each side of the centrally mounted seats. The seats were a novelty in themselves. For the first time in coachwork construction they had been set obliquely against each other, giving each passenger an excellent view and ample legroom. The Opel petrol engine with 65 hp was claimed to give the vehicle a top speed of between 110 and 120 km/h, carrying 22 to 23 passengers plus

Gesamthöhe von knapp über zwei Metern nur durch das dem Leser schon bekannte Ludewig'sche Prinzip des vertieften Laufganges ermöglicht wurde. Bei diesem Bus wurde je ein Laufgang links und rechts von den Sitzen eingebaut. Die Sitze waren ein Kapitel für sich, denn wohl zum ersten Male in der Karosserietechnik waren sie schräg gegeneinander versetzt angeordnet, um nicht nur einen für jeden Passagier gleich guten Ausblick zu ermöglichen, logischerweise ergab sich auch mehr Beinraum je Sitzplatz.

Die angegebene PS-Leistung des Opel-Benzinmotors (65) ermöglichte angeblich eine Höchstgeschwindigkeit zwischen 110 und 120 km/h, dabei wurden 22–23 Passagiere und Gepäck befördert. Als Reisegeschwindigkeit einschließlich aller Aufenthalte wurden 60 km/h genannt, was der Durchschnittsgeschwindigkeit eines starken Tourenwagens entsprach, wie die Motorpresse schrieb. In der »Rundschau Technischer Arbeit« berichtet G. Vogelpohl, Berlin, über Luftwiderstandsmessungen an einem Modell dieses Busses. Auch der Vorläufer mit seiner wesentlich kastigeren Frontpartie wurde gemessen. Wie zu erwarten, ergab sich bei der neuen Ludewig-Form gegenüber dem alten Bus eine erhebliche Verbesserung, genauer der Luftwiderstand der neuen Karosserie betrug nur noch 48% von dem der bisherigen Form. Immerhin war hier eine der ersten Windkanalmessungen an Omnibusmodellen überhaupt durchgeführt worden. Durchgeführt wurden die Messungen im Windkanal des Institut für technische Strömungsforschung an der TH Berlin. Dort führte bekanntlich auch Prof. Everling Messungen mit seinem Stromlinienmodell durch.

Einen Vorläufer dieses Busaufbaues stellte die Firma Gebr. Ludewig schon 1934 vor. Es handelte sich um einen Doppelstock-Omnibus in abgerundeter Karosserieform, wenn auch noch durch freistehende Scheinwerfer geziert. Auch hier wurde eine äußerst geringe Bauhöhe durch das Ludewig'sche Prinzip der direkt auf das Chassis angesetzten Sitze erreicht. Die Passagiere hatten den vertieft liegenden Laufgang als Beinraum zur Verfügung. Dieser »Straßenzepp Deutschland« stand im Dienste des Omnibus-Reise-Dienst, Essen und Berlin. Hierbei handelte es sich um ein Tochterunternehmen der Brüder. B. von Lengerke, der bekannte Fachjournalist, schrieb 1934: »... und ein Essener Omnibus-Reisedienst hat im vergangenen Sommer die direkte Verbindung zwischen Essen und der Ostsee, sogar zwischen Essen und der schweizer Gotthardstation Göschenen mit 2 Fahrern in 3 Tagen über eine Gesamtentfernung von 1800 km regelmäßig durchgeführt und dabei ohne jeden Unfall zwischen Weihnachten und Ostern 14 Fahrten mit vollbesetztem, mit Schneereifen (nicht Schneeketten) ausgerüsteten Schnellbus vorgenommen.«

»Es besteht kein Zweifel, daß der Fernbusverkehr sich in unserem Lande noch weit umfangreicher entwickeln wird, sobald erst einmal größere Strecken der Reichsautobahn dem Verkehr übergeben sein werden.« Prophetische Worte!

1937 gab es dann den nächsten echten Ludewig zu sehen. Wieder auf Opel-Blitz-Basis, wurde die Karosserie des 1934er Wagens fast bis zur Windschutzscheibe übernommen. Bis zur Windschutzscheibe, denn diese bestand auch hier aus zwei Teilen, die sich aber harmonisch abgerundet dem Betrachter präsentierten. Die vorderen Kotflügel verliefen in die Seitenwand, dafür waren die Scheinwerfer röhrenförmig auf die Kotflügel aufgesetzt worden. Ein Kühlermaul wie eine Tonne gestaltet, verunzierte den bisher so hübschen Wagen. Die originelle Hecklösung mit den beiden Flossen war einer einzigen, jetzt irgendwie banal wirkenden Mittelflosse gewichen. Dieser offensichtlich gewußt originell gestaltete Wagen konnte wirklich nur als Rückschritt betrachtet werden! Schon im nächsten Jahr gab es die verbesserte Variante dieses

luggage. Travelling speed including stops, was claimed to be 60 km/h which, according to the motoring magazines, was the average for a large touring vehicle. G. Vogelpohl of Berlin reported about drag tests carried out on a model of this bus in "Rundschau technischer Arbeit". The bus' predecessor with its more box-shaped front had also been tested. As can be expected, the new Ludewig shape performed much better with a drag almost half (48%) that of its predecessor. This was one of the first windtunnel measurements carried out on a bus model. The windtunnel used was that belonging to the Institut für technische Strömungsforschung (institute for fluid mechanics) at the technical university of Berlin, where Professor Everling also carried out his aerodynamic studies. The Ludewig brothers had already built a forerunner of this shape and presented it in 1934. This was a well-rounded double-decker bus, still with protruding headlights however. The Ludewig concept of placing the seats directly on to the chassis was retained to reduce the overall height and passengers could use the lowered aisle for leg-room. This "Straßenzepp Deutschland" was taken into service by the omnibus company Reise-Dienst Essen und Berlin, a daughter company belonging to the Ludewig brothers. B. von Lengerke, a famous technical journalist, wrote in 1934: "... and a bus travel agency in Essen established a direkt link over Essen between the Baltic Sea and the Swiss Gotthart Station Göschen. This distance of 1800 km was regularly covered with two drivers over three days. Between Christmas and Easter a fully loaded bus, fitted with winter tyres (not chains), completed fourteen trouble-free trips."

"There is no doubt that the long distance bus travel will develop extensively in this country, when further motorway routes are opened up to traffic". What prophetic words!

The next true Ludewig followed in 1937, once more based on an Opel Blitz chassis. This vehicle virtually took over the 1934 body right down to the windscreen, which was also a two-part design but a little more rounded in the new model. The front mudguards flowed smoothly into the sides, but the headlights protruded from the mudguards in their cylindrical mountings. The barrel-shaped radiator inlet completely spoilt the appearance of this up to now attractive bus. The earlier solution to the rear end using two fins had made way for an uninteresting single, centrally mounted fin. This obvious attempt at originality can only be described as a retrogression! An improved version appeared in the following year however. The headlights had finally been fully incorporated into the wings but, offsetting this improvement, two versions of an ugly dummy radiator grill were offered, imitating the current American trend. They were however an improvement on their "barrel-mouthed" predecessor.

All these bodies reflected pioneering work however. The extensive use of light-weight Duralumin and the low, smoothly rounded Aero bodies gave the Ludewig brothers claim to fame in the field of high-speed bus transport.

After the war and until 1977 this firm from Essen put a range of 1½ decker buses on the market. Then bankrupcy ended a 55-year history. Buses were not the firm's only achievements however.

It should also be mentioned that the factory built a fully-streamlined experimental passenger vehicle according to the design of Karl Schlör in 1938, the so-called AVA-Schlör vehicle. This car with its Mercedes 170 M engine of 38 hp had the all-time best coefficient of drag which can in part be attributed to its excellent construction.

Aufbaues zu sehen. Die Scheinwerfer waren endlich voll in die Kotflügelstummel eingelassen worden. Dafür wurden zwei verschiedene Kühlerattrappen geliefert, die sich voll an den amerikanischen Kühlergeschmack hielten. Immerhin sahen sie eleganter aus als das »Tonnenmaul« vom Vorjahre.

Als bahnbrechend waren diese Aufbauten allesamt zu bezeichnen. Dank der ausgiebigen Verwendung von Duralumin-Leichtmetall und der wesentlich niedrigeren, organisch gerundeten Aufbauten konnten die Gebrüder Ludewig mit ihren »Aero«-Karossen zu den Schrittmachern des Schnellomnibusverkehrs gerechnet werden.

Nach dem Kriege brachten die Essener noch verschiedene 1½-Decker Omnibusse heraus, mit denen sich die Firma auch bis 1977 halten konnte. Das Konkursverfahren beendete eine immerhin 55jährige Geschäftstätigkeit. Ludewig wurde allerdings nicht nur durch Busaufbauten bekannt.

Im Jahre 1938, das sei noch erwähnt, baute die Fabrik nach Zeichnungen des Aerodynamikers Karl Schlör einen Versuchs-PKW in Vollstromlinienform, den sog. AVA/Schlörwagen. Dieser mit einem Mercedes 170 H-Motor von 38 PS ausgerüstete Wagen fiel in der handwerklichen Herstellung derart gut aus, daß ihm einer der besten Luftwiderstandsbeiwerte aller Zeiten und erstaunliche Fahrleistungen attestiert werden konnten.

Literatur

Continental Coaches »Go All Out« for streamlining
Motor Transport, June 10, 1939
Deutsche Fahrzeug Technik Nr. 5 + 6, 15. 3. 1937, S. 53/52
Auto Carrosserie No. 130, Juli–Août 37, S. 11981

Gebr. Ludewig, Essen

Jahr	Chassis	Typ	Hubraum	PS	Entwurf	Radstand	Spurweite v/h	Achsen	Gewicht Chassis	Gewicht komplett	Verbrauch l	V max.	Preis	Menge	Kommission	Bemerkungen
Year	Make	Type	Capacity l	HP	Designer	Wheelbase m	Track front/rear m	Axles	Weight kg	Weight total kg	Consumption l	Speed km/h	Price	Specimen	Commission	Remarks
1934								2								»Straßenzepp« – 1½ Decker[1]
1934	Opel	Blitz 2,5 t		60				2			24–25		13 500 RM		1935 u. a. Deutsche Reichsbahn	21–23 Sitze 2 Heckflossen![2]
1937	Opel							2								Nur stilistische Veränderungen[3]
1938	Opel							2								
1939	Opel							2								

[1] »Strassenzepp« – 1½-decker [2] 21–23 seats / 2 rearfins! [3] Only stylistic changes

1

1 Die Ludewigschen Werkstätten aus der Vogelschau.

1 Bird's eye view of the Ludewig works.

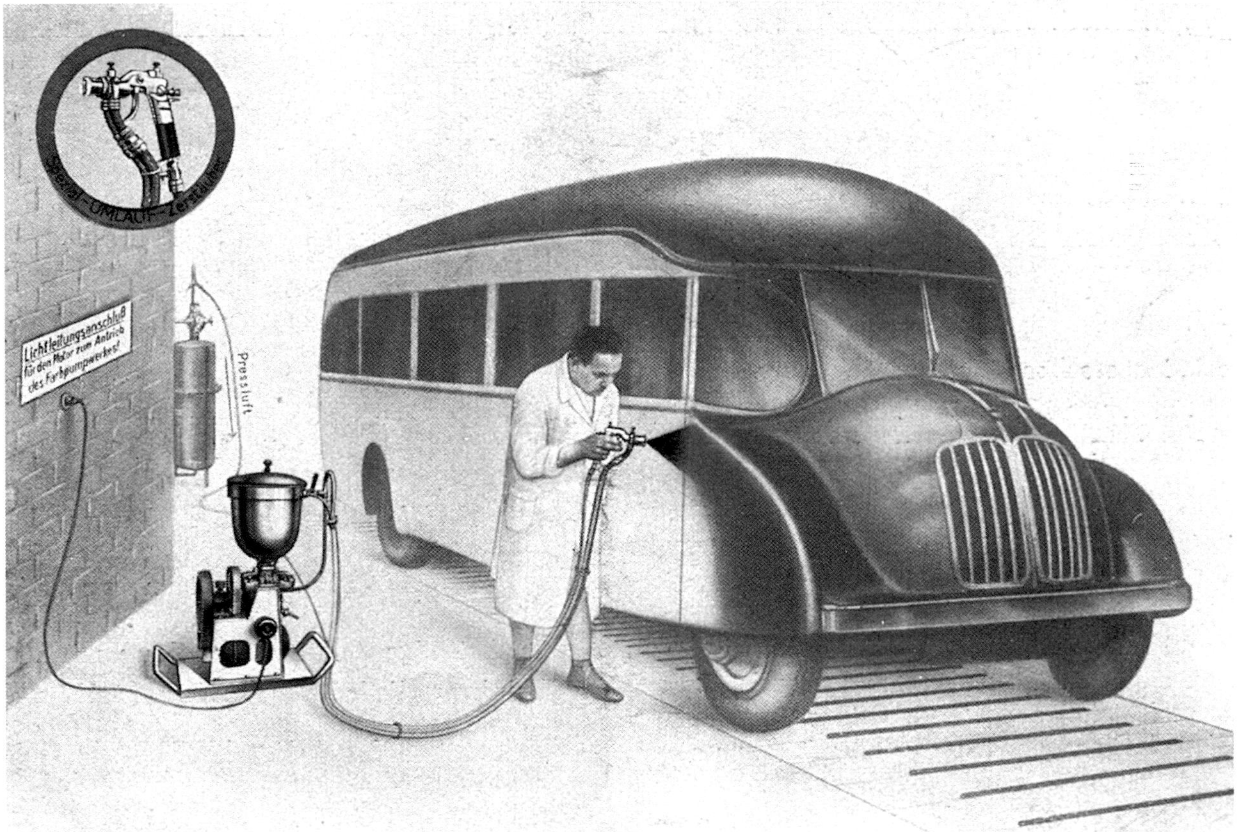

2

2 Ludewigs »Erster« in der Werbung.

2 How advertisers used Ludewig's first streamliner.

3

3 »Straßenzepp Deutschland« 1934, der erste 1½-Decker von Ludewig. Der Fahrer saß im Zwischenstock!

3 "Straßenzepp Deutschland", 1934, the first Ludewig 1.½-decker. The driver sat between the decks!

4

4 Bedrohlich biegt das Neue um die Ecke …

4 The "future" ominously appears around the corner.

5

5 Kontraste: Alte Form des Aero-Busses, hinten – die neue Karosserie an der Spitze. Beide Wagen aus einer Lieferung an die Hamburger Verkehrsbetriebe.

5 Contrast: Old shape of the Aero bus at the back – the new body in front. Both were part of a delivery to the Hamburg transport system.

6

7

6 Das Doppelflossen-Heck mit den Trittstufen für das Dach.

6 The double fin rear with steps to the roof.

7 Und so sah ihn die Werbung ...!

7 And this is how the advertisers saw it!

8 Verchromte Wimpern blicken Dich an.

8 Chromed lashes are looking at you.

9 Der Aero-Bus von 1937 – ein gefräßiges Kühlermaul!

9 The 1937 Aero bus – a gluttonous radiator "mouth".

9

10

10 Auto-Ausstellung 1937 in Berlin – ein Besucher mit Bärtchen bestaunt die Essener Schöpfung.

10 Automobile exhibition in Berlin in 1937 – a bearded visitor admires the creation from Essen.

11 Das viel zu große Kühlermaul ist ein aerodynamischer Rückschritt. Die neugestaltete Windschutzscheiben-Partie sieht dagegen recht flüssig aus.

11 The very large radiator grill is an aerodynamic retrogression. The new windscreen area by comparison is much smoother.

11

2

12 Auf dieser Photographie ist die eigenartige Sitzanordnung gut zu erkennen.
13 Sitzplatzverteilung im Ludewigschen Aero-Bus.
14 Die Schalensitze sind direkt auf den Chassisträgern montiert. Der Fußraum ist extrem tiefgelegt. Auf diese Weise erreichten die Brüder Ludewig eine geringe Aufbauhöhe und damit eine verringerte Stirnfläche ihrer Busse.

12 Here the unusual seat arrangement is clearly visible.
13 Seat arrangement in the Ludewig Aero bus.
14 The seats are mounted directly on the chassis members. The legroom is low down. This is how the Ludewig brothers reduced the height of the body and therefore the frontal area of their buses.

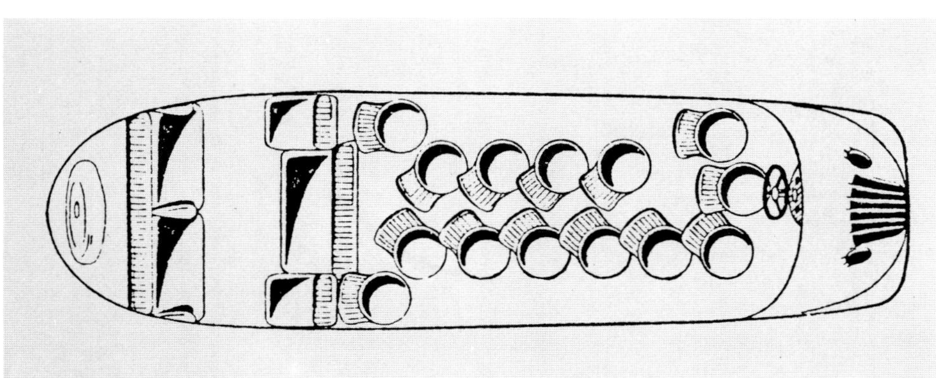

3

14

Masurenhalle, Stand 915

DRAHTWORT:
GEBR. LUDEWIG ESSEN
FERNSPRECHER: 33354/55

Karosseriefabrik Gebr. Ludewig G. m. b. H.

ESSEN-ALTENESSEN, BRUCKMANNSTRASSE 87

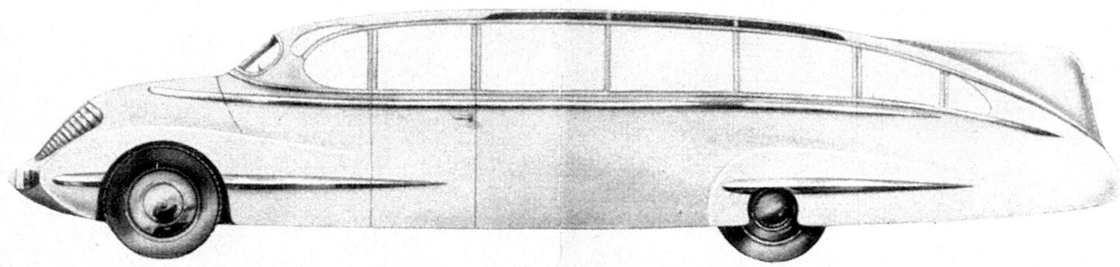

Opel-Blitz Niederrahmen-Fahrgestell

mit Aero-Stromlinien-Fernbuskarosserie, Typ Essen

21 + 1 Sitzplätze

Beschreibung:

Das wesentlich Neue dieser Konstruktion ist die tiefe Bauart mit einer aerodynamisch günstigen Form, welche in der Praxis eingehend erprobt wurde. Die ungewöhnlich niedrige Bauhöhe wurde dadurch erzielt, daß fast alle Sitze unmittelbar auf dem Fahrgestellrahmen befestigt sind, also ca. 45 cm niedriger als bei normalen Omnibussen. Die tiefe Sitzanordnung erhöht die Fahrsicherheit und vermindert den Luftwiderstand, da die Gesamthöhe dieses neuen Fahrzeugtyps auf ca. 2,25 m gehalten werden konnte. Die **Sitze** sind auf dem Chassisrahmen fischgrätenartig in Fahrtrichtung angeordnet bis auf 2 Reihen, welche im Heck des Wagens eine normale Anordnung haben. Ein wesentlicher Vorteil der fischgrätenartigen Sitzanordnung ist die überragende Aussichtsmöglichkeit, vor allem auch dadurch, daß die tiefe Sitzanordnung die Augenhöhe in die untere Hälfte der Fenster bringt. 21 sehr bequeme Sitze sind angeordnet mit Original-Schlaraffia-Polsterung. Die Höchstgeschwindigkeit dieses ausgesprochenen Fernreise-Omnibusses ist 100 km pro Std. beim normalen 3 to 4,65 m Blitz-Chassis. Die Straßenlage ist bei diesem Tempo infolge der tiefen Schwerpunktlage und des langen Radstandes in Verbindung mit einer erprobten Karosseriegestaltung **besser, als man bei Personenwagen gewöhnt ist.**

Die **Karosserie** bildet eine **Umhüllung** und trägt nur sich selbst, da die Sitze auf dem Fahrgestell befestigt sind. Der Höchstgrad von Geräuschlosigkeit ist durch diese Konstruktion erreicht worden. Die Motorhaube kann mit einer Bewegung geöffnet werden. Die Konstruktion der Karosserie ist durch eine Reihe deutscher und ausländischer Patente geschützt.

Der **Rohbau** wird aus prima Harthölzern hergestellt. Alle Hölzer sind stark imprägniert.

Die **Verkleidung** der Karosserie wird bis zur breiten Karosserie-Mittelleiste in doppelt dekapiertem Blech ausgeführt; die obere Partie ist zudem noch zur Geräuschdämpfung mit Zapon bespannt. Die Lackierung wird in besten Spritzlacken ausgeführt.

Das **Dach** enthält den Gepäckraum mit einer soliden Plandecke, welche sich der Gepäckmenge anpaßt. Eingebaute Fußmuscheln ermöglichen ein leichtes Besteigen des Daches.

Die **Türen** sind mit Markenschlössern versehen. Die Schloßzungen haben Schmiervorrichtungen, um selbst die kleinsten Quietschgeräusche dieser beweglichen Teile zu verhindern. Es befindet sich je eine Tür links und rechts vorn, sowie eine Tür rechts hinten bei der letzten Sitzreihe.

Die **Fenster** sind aus ausgewähltem Spezialglas. Sechs Fenster sind durch Kurbeln verstellbar; die Front- und Rückscheiben sind aus Sekurit-Sicherheitsglas. Die Frontscheiben sind aufstellbar und haben Eingriff-Betätigung.

Schränkchenartige Behälter sind an den Seitenwänden angeordnet zur Unterbringung von Handtaschen, Fotoapparaten usw. Regulierbare Frischluftheizung wird mitgeliefert.

Ausstattung innen: ca. 10 Patent-Aschenbecher, reichlich Mantelhalter.

Preis:

Opel-Blitz Niederrahmenfahrgestell 3 to — 4650 . . .	4900.—
Preis des Aufbaues kpl.	10850.—
	15750.—

Reifenpreiszuschläge und Zwischenfrachten müssen besonders berechnet werden.

15

15 Eine hinreißende Seitenlinie bis auf den zu hohen Kühler: Prospektblatt von 1938.

15 A gracious side line all the way to the high radiator. Page from the prospectus of 1938.

16

16 Das Gesicht des 1938er »Aero«-Modells.

16 The front of the 1938 Aero model.

17

17 Bei dem Aero-Modell von 1939 hatte sich nur das Kühlergesicht geändert. Aus dem ehemals kleinen Lufteinlaß war eine modische Kühlerattrappe à la Amerika geworden.

17 The only modification to the Aero model of 1939 was in the radiator area. The former small air-inlet made way for a dummy radiator á la America.

Gebr. Ludewig G. m. b. H. in Essen
Stromlinienförmiger Wagenkasten mit in der Höhe gestaffeltem Fußboden für die hintersten Sitzreihen

Patentiert im Deutschen Reiche vom 6. Mai 1934 ab

Die Erfindung bezieht sich auf stromlinienförmige Wagenkasten, insbesondere für Kraftomnibusse, mit Quersitzreihen, wobei die Sitzflächen der hintersten Sitzreihe tiefer liegen als die Sitzflächen der vor ihr liegenden Sitzreihe. Durch diese Anordnung wird auch der in der Höhe abnehmende hintere Teil des stromlinienförmigen Wagenkastens ausgenutzt.
Dieser bekannten Bauart haftet aber der Mangel an, daß der den hinteren Sitzreihen zugeordnete Boden mit dem der übrigen Sitzreihen in gleicher Höhe liegt. Hierdurch ergeben sich für die die hinterste Sitzreihe mit geringer Sitzhöhe einnehmenden Fahrgäste besonders bei weiten Überlandreisen Unbequemlichkeiten, die zu Bein- und Fußermüdungen führen.
Diesen Nachteil beseitigt die Erfindung dadurch, daß der der tiefer liegenden Sitzreihe zugeordnete Boden gegenüber dem der vor ihr liegenden Sitzreihe zugeordneten Boden versenkt angeordnet ist.
Der dem Höhenunterschied der Sitzflächen entsprechende Raum unter dem Fußboden der höheren Sitzreihe bietet dann für die Füße der tiefer sitzenden Fahrgäste Platz. Hierdurch ist auch eine gewisse Beschränkung der Baulänge des Wagenkastens möglich.
Die Erfindung umfaßt auch die versenkte Anordnung der Böden unter mehreren Sitzreihen, wenn die Länge des abnehmenden Teiles des stromlinienförmigen Wagenkastens gegen das Wagenende zu die Unterbringung mehrerer in der Höhe gestaffelter Sitzreihen ermöglicht.
In der Abbildung ist eine beispielsweise Ausführungsform gezeigt.
1 ist der Wagenkasten, 2 sind die Fenster darin. Am Fahrgestell 11 ist die Verlängerung 8 angebracht, welche einmal den Zwischenboden 7, der den auf dem Fahrgestell 11 befestigten Sitzen 3 zugeordnet ist, und zum anderen den Boden 10 trägt, welcher zu den Sitzen 4 gehört. Die Sitze 4 liegen tiefer als die Sitze 3. Unter dem Zwischenboden 7 entsteht ein freier Raum 9, in welchen die Fahrgäste auf den Sitzen 4 ihre Füße bringen können. Zugänglich sind die beiden Sitzreihen 3 und 4 durch die Tür oder Türen 6. Werden nun die Sitzreihen nicht gegeneinander, sondern hintereinander angeordnet, so bleibt der Platz für die Füße unter der nächsten Sitzreihe zwischen Sitzfläche und Fußboden frei.
Die hier beschriebene Anordnung ist auch bei Wagenkasten ähnlicher Bauart verwendbar.

Patentansprüche:
1. Stromlinienförmiger Wagenkasten, insbesondere für Kraftomnibusse, mit Quersitzreihen, wobei die Sitzflächen der hintersten Sitzreihe tiefer liegen als die Sitzflächen der vor ihr liegenden Sitzreihe, dadurch gekennzeichnet, daß der der tiefer liegenden Sitzreihe zugeordnete Boden gegenüber dem der vor ihr liegenden Sitzreihe zugeordneten Boden versenkt angeordnet ist.
2. Stromlinienförmiger Wagenkasten nach Anspruch 1, dadurch gekennzeichnet, daß der dem Höhenunterschied der Sitzflächen entsprechende Raum unter dem Fußboden der höheren Sitzreihe für die Füße der tiefer sitzenden Fahrgäste Platz bietet.

DEUTSCHES REICH

AUSGEGEBEN AM
9. NOVEMBER 1936

REICHSPATENTAMT

PATENTSCHRIFT

№ 638046

KLASSE **63c** GRUPPE 43

L 85844 II/63c

Tag der Bekanntmachung über die Erteilung des Patents: 22. Oktober 1936

Gebr. Ludewig G. m. b. H. in Essen

Stromlinienförmiger Wagenkasten mit in der Höhe gestaffeltem Fußboden für die hintersten Sitzreihen

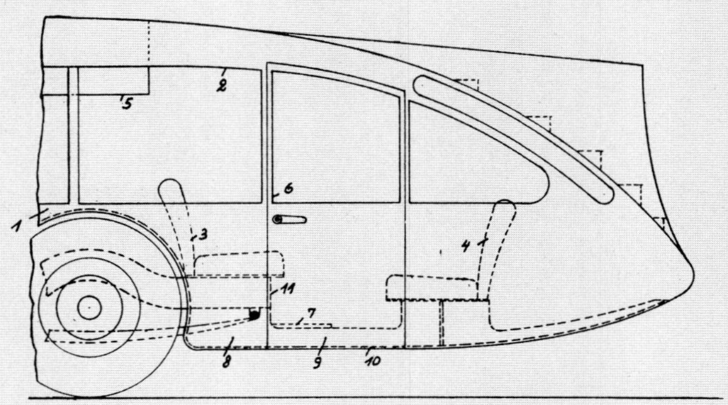

NWF

Focke-Wulf-Flugzeuge aus Bremen waren vor dem Kriege in Deutschland ein Begriff. Dipl.-Ing. Henrich Focke, aus der Gründerfamilie, hatte vom Flugzeugbau die Idee des selbsttragenden Aufbaues, auch Schalenbauart genannt, übernommen und gedachte sie an anderen Fahrzeugen anzuwenden. Focke fuhr gegen 1948 nach einem Vorort des nach unter Kaiser Wilhelm II. als Marinehafen gegründeten Ortes Wilhelmhaven, weit vorn an der Emsmündung in die Nordsee gelegen. Dort, genauer in Wilhelmhaven-Mariensiel, lagen die Werkhallen der 1946 gegründeten Nordwestdeutschen Fahrzeugbau GmbH.

Focke konnte seine Idee, einen Bus in dieser neuartigen Bauweise herzustellen, den leitenden Herren von NWF plausibel machen, und die ersten Prototypen wurden entwickelt. Natürlich war die Gelegenheit günstig, nicht nur Leichtbau zu wagen, sondern auch die äußere Formgebung der geplanten Fahrzeuge an die optimale Linie anzugleichen, d. h. die schon vor dem Kriege gewonnenen Erkenntnisse über strömungsgünstige Aufbauten jetzt in optimaler Form zu verwirklichen. Ein Stromlinienomnibus mit vollkommen glatter Seitenfläche und total abgedecktem Boden war geplant. Focke konnte diese Idee der alten Münchener Eisenbahn-Firma Krauss-Maffei anbieten, waren die Techniker von K & M doch gerade auf der Suche nach einer guten Lösung für ihre zwangsweise aufgenommene Omnibusproduktion. Bekanntlich hatte die amerikanische Militärverwaltung 1945 angeordnet, daß Krauss-Maffei Omnibusse zu bauen habe. Das war für die seit 1931 bestehende Firma, eine Verbindung der beiden alten Münchener Lokomotivfabriken Krauss & Co und J. A. Maffei AG, ein völlig neuer Produktionszweig. 200 Busse sollten, so eine Produktionsanordnung vom November 1945, hergestellt werden. Erstaunlicherweise wagte man sich beim ersten Versuch schon an ein Gebiet, das in Deutschland wie überall als Neuland galt: Der *Heckmotor-Omnibus* sollte serienreif gemacht werden.

Omnibusse ohne Haube, sog. »Trambusse«, gab es bekanntlich seit 1936. Die Unterbringung des Motors erfolgte jedoch ausschließlich vorn, neben dem Fahrer. Theodor *Pekol,* ein Einzelgänger und Vorkämpfer auf dem Gebiet des Trambusses mit Heckmotor, traute sich schon seit etwa 1936 versuchsweise an diese Aufgabe. Sein Bus mit einem Stahlgerippe-Aufbau nach dem 1930 erteilten Patent von Hans *Arquint* aus Pasing wurde 1939 genauer beschrieben.

Pekol war Geschäftsführer der Oldenburger Vorortbahnen und entwarf sich sozusagen sein Verkehrsmittel nach Maß. Als Busreisedienst existiert die alte Firma Pekol heute noch. Dieses Fahrzeug blieb vor dem Kriege das erste und einzige seiner Art. Seine Arbeiten waren bei den Ingenieuren von Krauss-Maffei natürlich nicht unbekannt. Man hatte

Before the war Focke-Wulf aircraft of Bremen were well-known in Germany. Engineer Henrich Focke, a member of the founder's family, decided to apply the concept of integral or monocoque bodies (borrowed from the aircraft industry) to other forms of transport and in 1948 he visited the town of Wilhelmshaven with a definite purpose in mind. Wilhelmshaven, situated on the mouth of the river Ems, had been established as a naval port under emperor Wilhelm II but, what was more important to Focke was that in the suburb of Mariensiel the coachwork firm NWF (Nordwestdeutsche Fahrzeugbau GmbH) had been established in 1946.

Focke managed to interest the managerial staff in his new construction method and some prototypes were developed. This of course was also the ideal opportunity to re-consider the outer shapes of vehicles and integrate pre-war research findings about streamlining into the new vehicles. A bus was designed with completely smooth sides and a fully covered bottom surface. Focke offered this concept to the old railway firm Krauss-Maffei in Munich, since technicians there were searching for ideas for the new bus production which the firm had been forced to start after the American occupation in 1945. Buses were a completely new line for this firm which had been formed in 1931 after a merger between the locomotive manufacturers Krauss and Co. and J. A. Maffei AG. According to a directive received in November 1945, 200 busses were to be built. Surprisingly, the firm immediately embarked on a concept which in Germany and everywhere else was a novelty: the rear engine bus.

Buses without bonnets, so-called "trambuses" had been in existence since 1936.

The engines in these were always placed in front however, right next to the driver. Theodor Pekol, an individualist and champion of the idea of rear-engined trambuses had tested this idea as early as 1936. In 1939 a detailed description of his bus with steel frame body, based on the patent of 1930 of Hans Arquint from Pasing, had been published.

Pekol managed a suburban transport firm in the town of Oldenburg and designed his vehicles according to customer requirements. The firm Pekol still exists to this day as a bus touring agency. Pekol's bus was the first and only of its kind before the war. The engineers at Krauss-Maffei were familiar with his work. Their ambition was to develop this concept for production purposes and, within a year, they were able to inform the occupational troops that production of a rear engine bus was starting. The frame used was still conventional. The KMO 130 with 130 hp Maybach rear engine made a successful debut and Krauss-Maffei was receptive to the ideas of Focke and NWF. In 1951 Krauss-Maffei intro-

den Ehrgeiz, diese neue Lösung serienreif zu gestalten, und innerhalb eines Jahres konnte man der Besatzungsmacht den Beginn der Serienproduktion eines Heckmotorbusses mitteilen.
Allerdings war hier noch ein konventioneller Rahmen verwendet worden. Nach dem erfolgreichen Debüt des KMO 130, der mit einem Maybach-Heckmotor von 130 PS ausgerüstet war, stand man den Plänen von Focke und NWF positiv gegenüber. Auf der Internationalen Automobil Ausstellung 1951 konnte Krauss-Maffei seinen KML 90 vorführen, ein »Leichtbus« in selbsttragender Bauweise ähnlich einem Flugzeugkörper. Focke hatte einen optimalen Stromlinienkörper mit abgerundeter Frontpartie, gerundeten Frontscheiben, vollverkleideten Rädern und einer glatten Unterbodenabdeckung vorgesehen. Der Karosseriegestalter Zeeden setzte dieses »Package Design« in einen sehr schönen Entwurf um, der fast identisch bei NWF realisiert wurde. Das geflügelte Krauss-Maffei-Symbol, in der Mitte der Vorderfront gelegen, korrespondierte mit den leicht herauswachsenden Scheinwerfern, die zur Außenseite hin das gleiche Flügelsymbol trugen. Das herausgewölbte, rundliche Heck gab dem Wagen etwas von den großen Stromlinienbussen der dreißiger Jahre, wenngleich es auch aerodynamisch gesehen sicherlich noch verbessert werden konnte. In der Gesamtlinie glaubte man eher, vor einem der damaligen Schnelltriebwagen zu stehen, denn vor einem banalen Bus.
Bedauerlicherweise wurde diese Busform, der man einen c_w von etwa 0,40–0,50 nachsagte, schon nach kurzer Zeit überarbeitet. Durch die Öffnung der vorderen Radkästen, einfachere, versenkte Scheinwerfer und eine Tieferlegung der Stoßstange verlor das »Gesicht« viel von seiner Originalität. Die bisher total glatt gehaltene Seitenfläche erhielt jetzt zusätzliche Rand- oder Scheuerleisten, und herausragende Türscharniere und Schlösser störten die Fluchtlinien. Dafür wurde wiederum der vorher freistehende Türgriff nun versenkt angeordnet. Dennoch stellte auch dieser Nachfolge-»Leichtbus« KML 90/110 noch eine recht gelungene Konstruktion dar.
Nach 20 Jahren Busproduktion, später auch mit eigener Karossierung, verließ Krauss-Maffei 1965 diesen Sektor wieder. Heinrich Focke konnte seine Idee des selbsttragenden Busses nicht nur an Krauss-Maffei weiterreichen. NWF kam in Kontakt mit Ford in Köln, wo Lastwagenchassis mit 4-Zylinder- oder V8-Motoren aus der Personenwagenproduktion ausgerüstet, schon vor dem Kriege als Basis für verschiedene Karossiers wie Stolle, Voll und Harmening dienten.
»Mit einigen Bedenken hat man sich bei Ford entschlossen, die Lastwagen auf Wunsch mit einem Dieselmotor auszurüsten. Direktor R. H. Schmidt sagte hierzu folgendes: »Wir sind durchaus der Meinung, daß der Diesel-Motor aus dem Verkehr nicht mehr wegzudenken ist. ...«
Dieses Zitat aus der Motor-Rundschau 2/1951 wird mit einer Beschreibung des selbsttragenden Busses fortgesetzt, der aus der Zusammenarbeit von NWF und den Fordwerken entstanden war. »... befindet sich z. Z. ein selbsttragender Omnibus in der Entwicklung, bei dem der Ford-Motor-Getriebeblock hinter der Hinterachse eingebaut ist. Es handelt sich also um einen Omnibus mit Heckmotor. Durch die Schalenbauweise unter Auswertung der Erfahrungen im Flugzeugbau soll es gelungen sein, bei dem geräumigen 42plätzigen Omnibus das Gesamtgewicht um nicht weniger als 1000 kg zu verringern. Der gezeigte Versuchsbau überzeugte in einigen Punkten sehr. Etwas störend ist noch das sehr lange Heck hinter der Hinterachse, was nur zu einem Teil durch den hinterstehenden Motor bedingt ist. Die alten Erfahrungen bekannter Strömungsfachleute haben gerade in Deutschland gezeigt, daß das Heck ohne Erhöhung des Luftwiderstandes kürzer gehalten werden kann, was für den Fahrer im Großstadtverkehr und auf Paß-

duced its new light-weight bus, the KML 90 with an integral body construction similar to that of an aeroplane fuselage at the international automobile exhibition. Focke's design had aimed at an optimal streamline shape with rounded front, rounded windscreen, fully covered wheels and a smooth, closed underbody. Zeeden, the bodywork designer, had taken over this "package design" and created an attractive vehicle which NWF were able to realise without too many alterations. The winged Krauss-Maffei symbol in the centre of the front of the vehicle fitted in well with the slightly protruding headlights, the mountings of which bore the same wing theme. The slightly vaulted, rounded rear was reminiscent of the streamline buses of the thirties, but could have been aerodynamically improved. The overall shape gave the impression that one was looking at a special high-speed vehicle rather than a bus.
Unfortunately the bus, which was reported to have a Cd value of 0,40 to 0,50 was reworked, to its detriment, soon afterwards.
By opening up the front fenders, fitting plain, recessed headlights and lowering the bumper, the engineers somehow destroyed the vehicle's original appeal. The smooth sides now received rails and protruding door hinges and locks which disturbed the air flow, an effect partially offset by the newly recessed door handles. Despite all this, the light-weight bus KML 90/110 was still a successful concept.
Krauss-Maffei spent 20 years building buses (including some of their own design) but eventually, in 1965, they left the field. To keep his integral body ideas alive, Focke approached other firms. NWF contacted Ford in Cologne, where truck chassis with 4-cylinder or V8 engines had already before the war been adapted to passenger transport and used by coachwork firms like Stolle, Voll and Harmening.
"With some reservations Ford decided to fit trucks with diesel engines. R. H. Schmidt, the director's opinion was: We are of the opinion that the diesel engine forms an integral part of the transport system ..."
This quotation from Motor-Rundschau 2/1951 is followed by the description of a bus with integral body which NWF and Ford had cooperated on.
"... a bus with integral body is under construction which features a Ford engine/gearbox unit mounted behind the rear axle. With the experience gained with integral bodies in the aircraft industry a successful attempt has been made to reduce the overall weight of the spacious 42-seater bus by 1000 kg. The experimental model is indeed very encouraging. Only the unusually long tail, extending beyond the rear axle, which is not entirely due to the engine, seems unnecessary. Aerodynamicists in Germany have shown that the rear can be kept shorter without adversely affecting the drag and, of course, a shortened rear is advantageous in city traffic, mountain passes and narrow village roads".
Here the author, the well-known technical writer Joachim Fischer, is referring to the cut-off rear for buses, which was under development since 1935 in Germany as the reader will see in the chapter on "Vetter".
The bus under discussion had a radical shape in best pre-war streamline tradition:
A rounded front and skilfully lowered roof, also fully rounded, harmonised with a round rear, which was aerodynamically well shaped but probably made ineffective due to premature flow separation.
The side with its generous window area was neatly partitioned: The roof found its counterpart in the dark bottom which endend in a line at bumper height running along the entire length.
All the wheels were partly covered. Looking at it today, one notices the apparently large ground clearance. If the whole body had been lowered, not only the overall appearance would have been more elegant, but the projected cross-sectional area would have been reduced and the drag caused by the wheels, minimised.

straßen oder bei engen Ortsdurchfahrten wesentliche Vorteile hat.« In diesem Bericht spielt der Verfasser, der bekannte Fachautor Joachim Fischer, auf die Entwicklung des »abgeschnittenen Hecks« bei Omnibussen an, die in Deutschland seit 1935 im Gange war, wie es der interessierte Leser im Kapitel »Vetter« nachlesen kann.

Der Bus, der hier beschrieben wurde, hatte eine radikale Linie nach bester Vorkriegs-Stromlinientradition erhalten:

Eine abgerundete Frontpartie mit einem geschickt heruntergezogenen Dach, ebenfalls voll ausgerundet, harmonisierte mit einer ebenso abgerundeten Heckpartie, die aerodynamisch gut gestaltet aussah, aber vermutlich recht ineffektiv war durch frühzeitige Wirbelablösung.

Die Seitengestaltung mit großzügigen Fensterflächen war geschickt aufgeteilt: Das dunkel abgesetzte Dach fand seinen Konterpart im ebenfalls dunkel abgesetzten Bodenteil, deren Abschluß eine durchgezogene Scheuerleiste bildete.

Alle Räder waren zur Hälfte verkleidet. Bei heutiger Betrachtungsweise dieses Busses fällt einem die recht groß erscheinende Bodenfreiheit auf. Bei Tieferlegung des ganzen Fahrzeugkörpers wäre nicht nur die Gesamterscheinung eleganter geworden, die Projektionsfläche hätte sich verringert und der Luftwiderstand der Räder wäre vermutlich durch weitgehendere Abdeckung kleiner geworden.

Dennoch war dieses Fahrzeug als gelungener Ansatz für einen aerodynamisch günstigen Stromlinienbus zu werten. Als Heckmotor fungierte der erwähnte 90 PS-Herkules Dieselmotor.

Dieser Versuchsbus aus dem Jahre 1951 führte zu einem Serien-Aufbau gleichen Zuschnitts, den die Karosseriewerke Drauz in Heilbronn fertigten. Geändert hatte sich an dieser Karosserie nichts grundsätzliches, wenn man von den Radausschnitten für die Vorderräder einmal absieht, die ja in ähnlicher Form auch bei der Serienkarosserie des Krauss-Maffei-Leichtbusses, dem Typ KML 90 + 110, angewendet wurde.

Der auch auf der IAA 1953 wieder ausgestellte NWF-Ford-Schnellbus war inzwischen in kleiner Serie produziert worden. Die Ähnlichkeit mit dem Krauss-Maffei-Leichtbus war nicht zu übersehen, im Hause Nordwestdeutscher Fahrzeugbau achtete man streng auf eine hauseigene Optik als Erkennungslinie. Dem 1953 ausgestellten Bus hatte man nunmehr versenkte Türgriffe mitgegeben, und der Heckpartie war ein zusätzliches seitliches Fenster spendiert worden.

Trotz ihrer wirklich revolutionären Entwicklungsarbeit zusammen mit Prof. Focke konnte die NWF nur bis zum Jahre 1955 existieren.

Die Karosseriewerke Drauz in Heilbronn gingen 1965 in den Besitz der NSU-Werke über.

The vehicle can still be termed a good attempt at a streamline bus. It was powered by the previously mentioned 90 hp Hercules diesel engine, mounted in the rear.

This 1951 bus led to a production of bodies along the same lines by the coachwork firm Drauz in Heilbronn. Basically nothing was changed, except the front wheel arches which were more like those of the mass-produced Krauss-Maffei KML 90 + 110.

The NWF-Ford express bus, which had been exhibited at the IAA in 1953, went into small-scale production. The similarity to the Krauss-Maffei light-weight bus was obvious. Nordwestdeutsche Fahrzeugbau saw to it that its work could be recognised from the optical features. The 1953 bus had been given recessed door handles and an additional side window in the rear.

Despite the revolutionary work done in co-operation with professor Focke, NWF only carried on business until 1955.

The coachwork firm Drauz in Heilbronn was taken over by NSU in 1965.

Literatur

Motor-Rundschau, 2, 1951
Deutsche Fahrzeug-Technik Nr. 15 + 16, 15. 8. 1939
Jürgen Jacobi. Omnibusse von Krauss-Maffei, 1979, Zeunert-Verlag, Gifhorn
Motor-Rundschau, 8, 1951, S. 249
Motor-Rundschau, 9, 1951, S. 309
Das Auto 10/1951, S. 349–352
Das Auto + Motor + Sport 22/1951, S. 752
Motor-Rundschau – NKZ 5/54, S. 155
Kraftfahrt-Rundschau 4/1954, S. 9
Auto und Kraftrad 10/1951, S. 7 + 10
Der Bus 5/1953, S. 122

Nordwestdeutscher Fahrzeugbau (NWF), Wilhelmshaven

Jahr	Chassis	Typ	Hubr.	PS	Radstand	Spurweite v/h	Gewicht Chassis	Gewicht komplett kg	Verbrauch l	V max.	Bemerkungen	Ex.	Kommission
Year	Make	Type	Capacity	HP	Wheelbase	Track front/rear	Weight kg	Weight total kg	Fuel consumption l	Speed km/h	Remarks	No.	Commission
1951	Krauss-Maffei	Leichtbus/ Light-weight bus									Prototyp/Prototype	1 ?	Krauss-Maffei
1951–1953	Krauss-Maffei	KML 90	5,3				4900	8700		76*			43 Sitze Kämper od. Deutz-Motor (82–90 PS)[1]
–1953		KML 110	7,98	120/130			5400	9150		100*	1954–1956 bei K-M karossiert/ Body built by K-M 1954–1956	375 (54–56)	43 Sitze/seats Deutz-Motor

* Katalogangaben (5. Gang) 1953/Catalogue specifications (5th gear) 1953 [1] 43 seats, Kämper or Deutz engine (82–90 hp)

1

1 Heckmotor-Omnibus mit Stahlgerippe, von Theodor Pekol zwischen 1936 und 1939 entwickelt.

1 Rear engine omnibus with steel frame, developed by Theodor Pekol between 1936 and 1939.

2 Aus dieser Patentanmeldung von Prof. Focke wurde später das DP 899909. Focke war der Initiator einer ganzen Familie von »Leichtbussen«.

2 This patent application of Prof. Focke's was registered as No. DP 899.909. Focke was initiator of a whole family of light-weight buses.

3 Die Rohform seines projektierten Busses hatte Focke hier arg idealisiert dargestellt. Anmelder des Patentes war der Nordwestdeutsche Fahrzeugbau in Wilhelmshaven.

3 Focke's idealistic illustration of a futuristic bus. The Nordwestdeutsche Fahrzeugbau in Wilhelmshaven registered this patent.

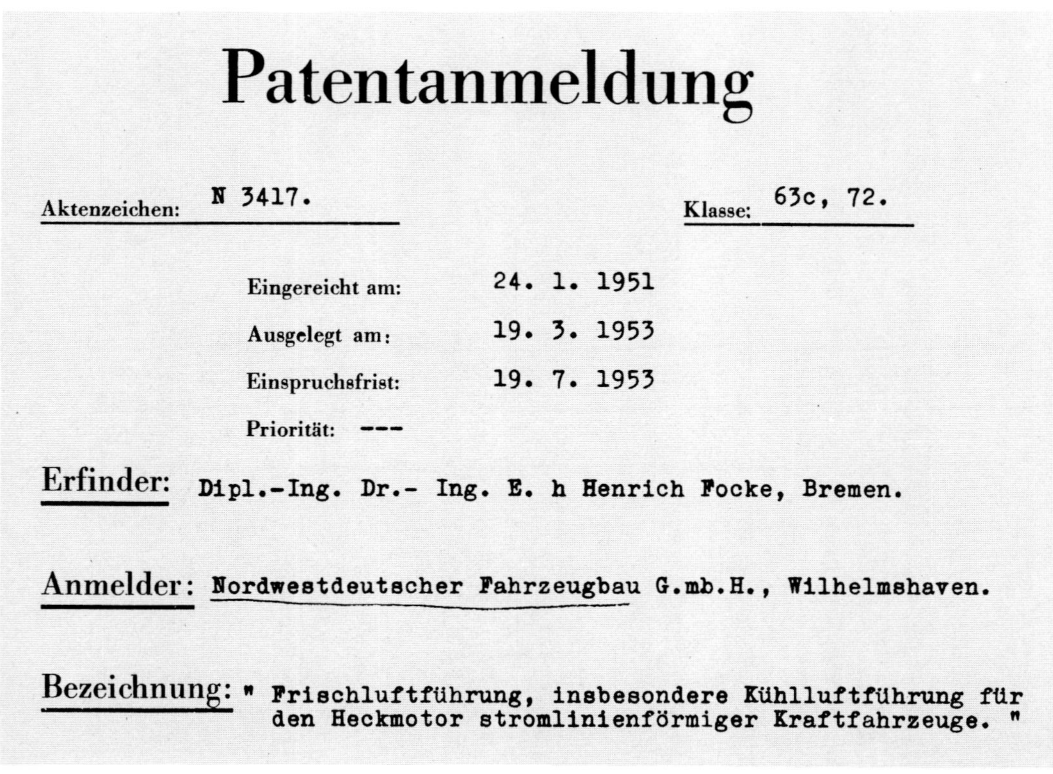

Patentanmeldung

Aktenzeichen: N 3417. Klasse: 63c, 72.

Eingereicht am: 24. 1. 1951

Ausgelegt am: 19. 3. 1953

Einspruchsfrist: 19. 7. 1953

Priorität: ---

Erfinder: Dipl.-Ing. Dr.- Ing. E. h Henrich Focke, Bremen.

Anmelder: Nordwestdeutscher Fahrzeugbau G.mb.H., Wilhelmshaven.

Bezeichnung: " Frischluftführung, insbesondere Kühlluftführung für den Heckmotor stromlinienförmiger Kraftfahrzeuge. "

2

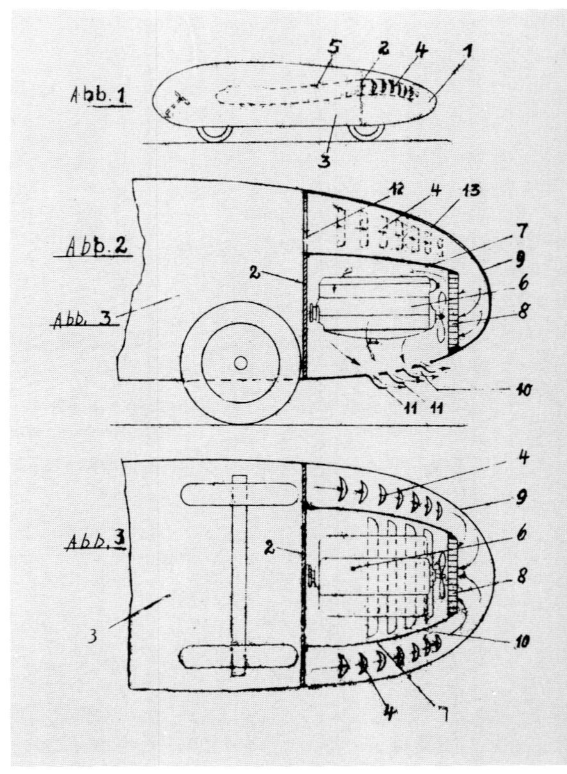

Ob Sie wollen oder nicht: Heckantrieb-Trambus

Die Gewichtsverteilung ist das A und O der Reifenbeanspruchung

Lz. Der Omnibus hat sechs Reifen, zwei an der Vorderachse und vier auf der Hinterachse. Auf die verhältnismäßig seltenen Dreiachser, bei denen die vier Hinterreifen auf zwei Achsen sitzen, soll hier nicht besonders eingegangen werden; die Tatsachen, die hier näher beleuchtet werden sollen, treffen ja auch bei diesen Fahrzeugen bis auf unwesentliche Abweichungen zu. Aus verschiedenen hier nicht näher darzulegenden Gründen wählt man für alle Reifen eines Fahrzeuges die gleiche Abmessung. Da jeder der sechs Reifen die gleiche Belastung bekommen soll, um richtig ausgenützt zu werden, ist die Verteilung des Fahrzeuggewichtes auf die beiden Achsen damit im wesentlichen schon bestimmt: die Vorderachse wird rund $1/3$ und die Hinterachse $2/3$ des Gewichts zu tragen haben. Der Konstrukteur ist nun selbstverständlich bestrebt, möglichst nahe an dieses Gewichtsverhältnis heranzukommen, er wird dabei sogar etwas darauf bemüht sein, dem für die Fahrsicherheit wichtigeren Vorderreifen eine gewisse Entlastung zukommen zu lassen.

Dem guten Willen des Konstrukteurs wirft die harte Wirklichkeit aber verschiedene Prügel in den Weg. Der Radstand und die damit roh gegebene Fahrzeuglänge müssen so weit als irgend möglich für die Unterbringung der zahlenden Last ausgenutzt werden, es muß eine möglichst große Zahl von Sitzplätzen geschaffen werden, eben so viel wie die Rahmentragfähigkeit

4

5

6

4, 5, 6 So hatte sich Walter Zeeden Heckformen des Krauss-Maffei-Leichtbusses vorgestellt …
7 … und in dieser Form wurde er dann 1951 gebaut.

4, 5, 6 Walter Zeeden's suggestions for the rear shape of the Krauss-Maffei light-weight bus …
7 … which was built in this way in 1951.

7

8

8 Der Prototyp von vorne gesehen. Das geflügelte Rad, Symbol des Eisenbahnverkehrs, dient hier als Markenzeichen für einen leichtfüßig dahineilenden Bus. Durch das betont schlichte Äußere und die vollverkleideten Räder fühlt man sich an einen Triebwagen erinnert.

8 The prototype seen from the front. The winged wheel, symbol for the railways, here serves as an emblem for a "light-footed" bus. The deliberate simplicity in shape and fully covered wheels remind one of a trolleybus.

9 Die Serienform des Leichtbusses hatte viel von ihrer Originalität verloren. In ungewohnter, heißer Umgebung wirkte das süddeutsche Design eher kühl, wie unser Bild zeigt.

9 The mass-produced version has lost much originality. The design appears rather cool in these unusual, hot surroundings.

9

10

10 In der Seitenlinie ein bildschönes Fahrzeug. KML 90 mit Aufbau von NWF. Seit Anfang 1954 wurde diese Karosserie bei Krauss-Maffei selbst hergestellt.

10 A very attractive vehicle from the side – KML 90 with NWF body. From 1954 onwards Krauss-Maffei produced this body.

11

11 Heckklappe mit Entlüftungsschlitzen für den luftgekühlten Deutz-Motor des KML 90. Beim Prototypen hatte man die benötigte Kühlluft noch durch Seitenschlitze in der Karosserie zugeführt.

11 Rear flap with ventilation slits for the air-cooled Deutz engine of the KML 90. With the prototype cooling air was drawn in through lateral slots in the body.

12

12 Letzte Ausführung des KML 110, bis 1956 hergestellt, von innen gesehen. Die ursprünglichen schlichten Sitzbänke waren einer attraktiven Einzelsitzbestuhlung gewichen. Ganz hinten im Wagenheck erkennt man links und rechts die Luftzuführungen für den Heckmotor.

12 Interior of the final version of the KML 110 which was built until 1956. The early plain benches had made way for an attractive seat arrangement. At the back on the left and right, the cooling-air ducts for the engine.

13

13 Das tragende Gerippe des Krauss-Maffei-Leichtbusses bestand aus gezogenen Spezial-Stahlrohren und Leichtmetall-Profilen. Der untere, zwischen den beiden Achsen liegende Teil war als sogenannter Torsionskasten verdrehungssteif ausgebildet. Die Seitenwandträger übernahmen bis zur Fensterbrüstung den Kraftfluß, die Außenwand trug nicht mit. Bug und Heckgerippe bestanden aus Leichtmetallteilen.

13 The supporting frame of the Krauss-Maffei light-weight bus was made of special drawn steel tubes and extruded light metal. The structure lying beneath the floor and between the axles was known as the torsion box and served to stiffen the bus. Load-carrying members in the sides extended only to window height and the sides themselves were unstressed. Struts up front and in the rear were made of light metal.

14 Der von NWF und Ford 1951 entwickelte selbsttragende Versuchsbus, mit einem 90 PS-Hercules-Dieselmotor ausgerüstet. Statt der nur gut aussehenden Heckrundung wäre ein »K«-Heck aerodynamisch effizienter gewesen.

14 The experimental bus with integral body developed by NWF and Ford in 1951, powered by a 90 hp Hercules diesel engine. A “K” rear would have been aerodynamically more effective than this nevertheless pleasing rounded design.

15 Der Ford-NWF-Schnellbus in seiner endgültigen Ausführung.

15 The Ford-NWF express bus in its final shape.

16

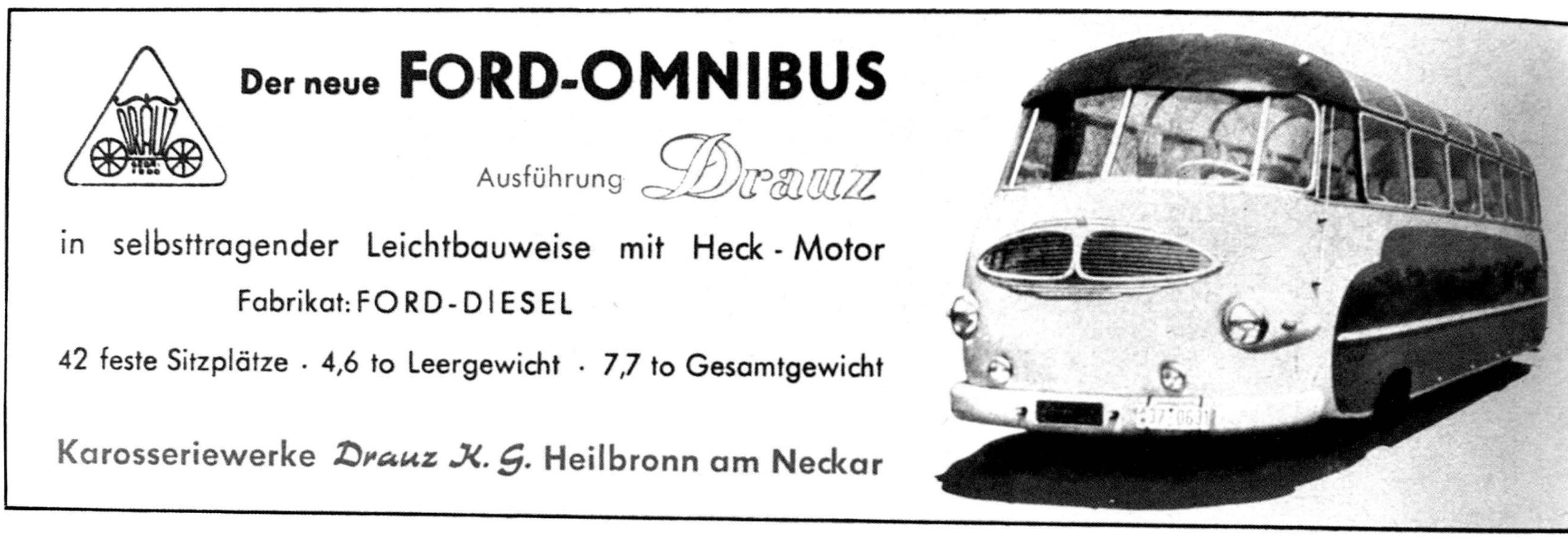

17

16 Die Karosseriewerke Drauz übernahmen für ihren eigenen Entwurf eines Ford-Schnellbusses weitgehend die NWF-Linie, gaben der Frontpartie aber durch das ovale Grill und die integrierten Nebellampen einen Hauch von Styling.
17 Drauz-Anzeige von 1953.

16 The coachwork firm Drauz largely took over the NWF concept for its own design for a Ford express coach. It introduced a hint of styling though with the oval radiator grill and integrated fog lamps.
17 Drauz advert from 1953.

Drauz, Heilbronn

Jahr	Chassis	Typ	Hub-raum	PS	Entwurf	Radstand	Spurweite v/h	Achsen	Gewicht Chassis	Gewicht komplett	Verbrauch l	V max.	Preis	Menge	Kommission	Bemerkungen
Year	Make	Type	Capacity l	HP	Designer	Wheelbase m	Track front/rear m	Axles	Weight kg	Weight total kg	Consumption l	Speed km/h	Price	Speci-men	Commission	Remarks
ca. 1952	Ford Diesel	FK 3500 D	4,08	90				2								40 + 1 Sitze/seats

SINDELFINGEN

Die Firma Daimler-Benz AG hatte sich schon frühzeitig ein eigenes Karosseriewerk angegliedert, um ihren Kunden Aufbauten aus einer Hand anbieten zu können.

Die Nutzfahrzeugproduktion bei Mercedes sah ab 1935 auch ein (damals neuartiges) Frontmotorchassis vor. Dieses, als LO 3100 bezeichnet, hatte den Motor vorn gelegen, der Fahrer saß direkt neben dem schalldicht isolierten Triebwerk.

In dem hauseigenen Karosseriewerk entwickelten die Konstrukteure nach Ankauf einer Jaray-Patentlizenz einen Aufbau für einen »Schnellomnibus«, der zur Verwendung auf den gerade eingeweihten neuen Reichsautobahnstrecken kommen sollte. Die Gesamtlinie des 1935 auf der Berliner Automobilausstellung gezeigten Fahrzeuges war recht glücklich gewählt worden. Für den damaligen Zeitgeschmack nicht überraschend, hatte man sich daran getraut, sämtliche vier Räder voll zu verkleiden. Das allseitig gewölbte Heck sah recht aesthetisch aus, hätte aber nach heutigen Erkenntnissen durch eine kantige Form sicherlich noch einen späteren Luftabriß gehabt und damit den Luftwiderstandsbeiwert noch mehr verringert. Eine Höchstgeschwindigkeit von 120 km/h wurde angegeben, die die Deutsche Reichsbahn als Träger der neuen Reichsautobahn wohl zum Ankauf für ihre geplanten Schnellverkehrslinien bewogen haben mag. Die zweiteilige Windschutzscheibe war, wohl zum ersten Male bei einem Bus, in sich völlig gerundet.

Bekanntlich war diese Herstellungsart damals mit vielem Aufwand und großen Kosten verbunden, weshalb andere Firmen und Karossiers eine aus zwei geraden, v-förmig angeordneten Teilen bestehende Scheibe einbauten. In ähnlicher, vereinfachter Karosserieform gab es wenig später bei Daimler-Benz einen kleineren Bus zu sehen, dessen Fahrleistungen mit dem 85 PS-Motor aber nicht über 91 km/h (mit Schnellgang) reichten.

Auf regulären Mercedes-Chassis mit Frontmotor und Haube entstanden weitere stromlinienförmige Busse, aber bei einzelnen Karosseriefirmen aufgebaut. Diese Konstruktionen werden dort beschrieben.

Auch an einen dreiachsigen Schnellomnibus, als Weiterentwicklung des LO 3100, hatten die Daimlerschen Konstrukteure gedacht. Dieser Art von Hyper-Bussen ist ein eigenes Kapitel gewidmet.

Early on in its history, Daimler Benz established its own coachwork division so that it could offer its clients custom-made cars.

In 1935 the Mercedes commercial vehicle section developed a (then novel) front engine chassis, the LO 3100 which had its sound-proofed engine in front, with the driver sitting next to it.

A Jaray licence was acquired and the body for an "express bus" developed for use on the recently built motorways. The overall concept of the vehicle, which went on exhibition in Berlin in 1935, was well thought out. All four wheels were fully covered which, to contemporaries, was no more an innovation. The completely rounded rear was aesthetically appealing but a more angular shape would have delayed air separation and reduced drag. The top speed was quoted as 120 km/h which was probably the reason why the German railways, as sponsors of the new motorways, ordered the bus for its express transport system. Here for the first time we have a bus with a two-part windscreen that was fully rounded.

The manufacturing process to produce a rounded windscreen was laborious and costly which is why most coachwork firms preferred split windscreens made up of 2 flat glass panes joined in the form of a V. A similar but simplified shape was used for a smaller bus that Daimler Benz built a little later. This model however, with its 85 hp engine could only reach 91 km/h in top gear.

Many coachwork firms used the standard Mercedes chassis with its front-mounted engine and bonnet at the basis for streamline bodies. These will be discussed in the relevant chapters.

Daimler's technicians even considered an express bus with three axles as a further development of the LO 3100. A separate chapter has been dedicated to this kind of vehicles.

1

1 So sah er aus im Modell, der neue Autobahn-Bus von Daimler-Benz (1935).

1 This is what the model of the new motorway bus of Daimler-Benz looked like.

2 Und so sahen ihn die Ausländer.

2 How the bus was seen outside Germany.

2

3

3 Das imposante Gesicht mit der »aufgeklebten« Kühlermaske hätte ein schöneres Kühlergrill verdient gehabt. Wesentlich organischer hätte ein querliegendes Oval ausgesehen. Die wuchtigen Doppel-Stoßstangen wurden später auf eine schmalere, lackierte Stange reduziert.

3 The impressive front with the "added on" radiator deserves a more beautiful radiator grill. A transverse oval would have harmonised better with the rest of the front. The massive double bumpers reduced to a narrow, painted rod.

4

4 Der Holzaufbau diente als Gerippe, über das Blechtafeln gezogen wurden.

4 The wooden structure served as a frame, which was then covered with sheet metal.

5

6

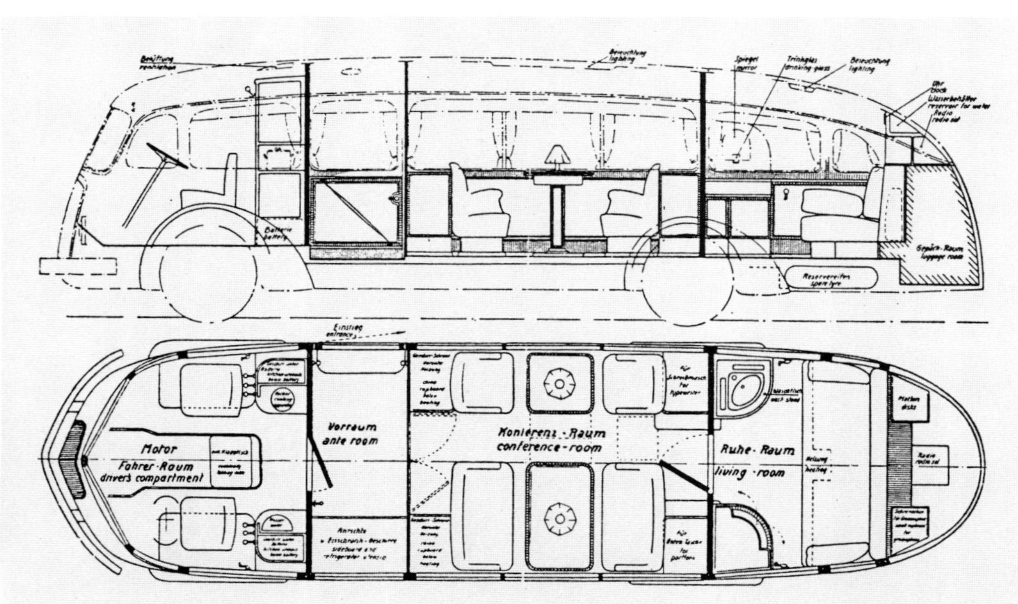

7

5 Der elegant abgesetzte Ausstellungsbus debütierte mit vollverkleideten Rädern.

6 Die Version, wie sie die Deutsche Reichsbahn ab Sommer 1935 im regelmäßigen Schnellbusverkehr auf der Autobahn einsetzte. Das Erscheinungsbild ist uniformer geworden, und den Vorderrädern hat man die Abdeckung entfernt. Das lange Schiebedach dürfte im aufgerollten Zustand zu einer Strömungsfalle ersten Ranges werden!

7 Auch das wurde geliefert: Ein ähnlich gestalteter Stromlinienbus, bei dem durch offene Radkästen und ein unten gerade ablaufendes Heck die Originalität des Urmodells verlorenging. Dieser Mercedes-Konferenz-Wagen wurde an die Deutsche Reichspost geliefert. Die Aufteilung mit Kochmöglichkeiten, einer Anrichte, einem Kühlschrank für Getränke ermöglichte genußvolle Besprechungen im 6–8sitzigen Konferenz-Raum, dem ein Schreibmaschinentisch und ein Schrank für Aktenmappen angegliedert war. Der Ruheraum war mit Waschtisch, Spiegel, Schränkchen und einer Couch ausgestattet. Ein Grammophon und ein Radiogerät vervollständigten die Einrichtung. Natürlich gab es Warmwasserheizung und einen Telefonanschluß. Dieses fahrende Büro erreichte bei 85 PS immerhin 91 km/h.

5 The elegantly painted display bus made its debut with fully covered wheels.

6 The version used by the German railways for regular high-speed transport on the motorways from the summer of 1935 onwards. The overall shape is more uniform and the front wheels had their covers removed. When opened, the long sunshine roof must have acted like a first-class air brake.

7 This was also supplied: A streamline bus in similar shape which lost the originality of the first model through the open wheel arches and straight rear at the bottom. This Mercedes conference vehicle was supplied to the German post office. A stove, sideboard and a refrigerator for drinks enabled conferences in style in the 6 to 8 seater conference room with adjacent typewriter desk and file cupboard. The rest room was fitted with washing facilities, a mirror, a small cupboard and a couch. A grammophone, radio, telephone connection and warm water heating were also provided. This mobile office with its 85 hp engine could travel at 91 km/h.

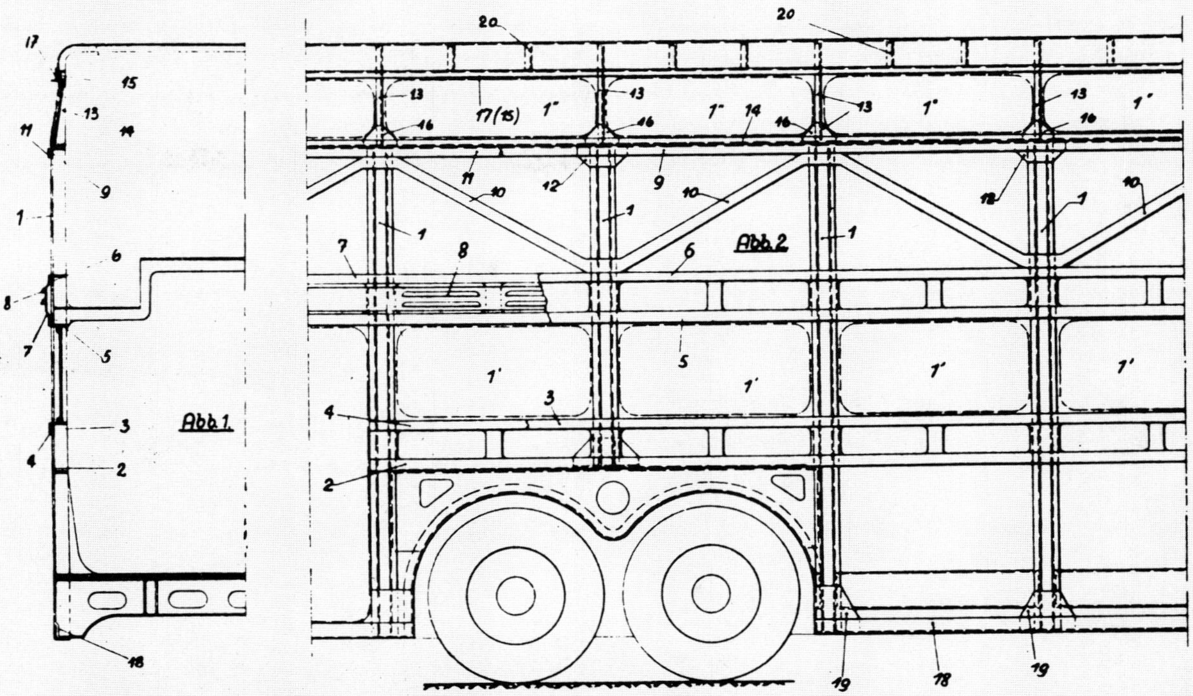

Selbsttragender Wagenkasten für Omnibusse.

Patent Nr. 654385.

Daimler-Benz Akt.-Ges. in Stuttgart-Untertürkheim.

Patentansprüche:

1. Selbsttragender Wagenkasten für einen zweistöckigen Omnibus, dadurch gekennzeichnet, daß das untere Stockwerk und der untere Teil des oberen Stockwerkes als ein selbsttragender Körper ausgebildet sind, auf den der obere Teil des oberen Stockwerkes, z. B. das Dach und ein Teil der Seitenwandung, gesondert aufgesetzt ist.

2. Selbsttragender Wagenkasten nach Anspruch 1, dadurch gekennzeichnet, daß der selbsttragende Körper in Stahl, der gesondert aufgesetzte Teil dagegen in Leichtmetall ausgeführt ist.

3. Selbsttragender Wagenkasten nach Anspruch 1 und 2, dadurch gekennzeichnet, daß der selbsttragende Körper des Wagenkastens bis zur Fensterbrüstung des oberen Stockwerkes reicht.

4. Selbsttragender Wagenkasten nach Anspruch 1 bis 3, dadurch gekennzeichnet, daß der den aufgesetzten Teil unmittelbar tragende obere Teil des selbsttragenden Körpers als ein aus Obergurt (9), Untergurt (5, 6), senkrechten Säulen (1) und Diagonalstreben (10) bestehender Gitterträger ausgebildet ist, an dem die Plattform des Wagens hängt.

Jahr	Chassis	Typ	Hub-raum	PS	Entwurf	Radstand	Spurweite v/h	Achsen	Gewicht Chassis	Gewicht komplett	Verbrauch l	V max.	Preis	Menge	Kommission	Bemerkungen
Year	Make	Type	Capacity l	HP	Designer	Wheelbase m	Track front/rear m	Axles	Weight kg	Weight total kg	Consumption l	Speed km/h	Price	Speci-men	Commission	Remarks
1935	Daimler-Benz	Lo 3100, Motor/engine OM 67		95 Diesel		5,1	1,762/ 1,74	2	3000	5800	20	115			Deutsche Reichsbahn/ German Railways	22 Sitze/seats – Trambusform – / Trambus shape

Wie viele der damaligen Hersteller von Busaufbauten kam auch die Waggonfabrik Uerdingen AG, Krefeld-Uerdingen, zur Eröffnung der Reichsautobahn nicht umhin, um eine Jaray-Lizenz nachzusuchen.
Eine strömungsgünstige Formgestaltung als Grundbedingung für die Lieferung von Schnellfahromnibussen an die Deutsche Reichsbahn als Generalunternehmer der Autobahnen war damals nur nach den geltenden Patenten des Wiener Ingenieurs Paul Jaray möglich.
Die alte und renommierte Karosseriefabrik (gegründet 1898) hatte ihr Herstellungsprogramm schon früh um Busaufbauten erweitert. Man setzte sich dabei schon 1925 für Ganzstahlaufbauten ein, zu einer Zeit, als Gemischtbauweise, d. h. ein mit Blechplatten beplankter Holzrahmen, gang und gäbe war.
Als langjähriger Lieferant für große Chassishersteller wie Büssing, Daimler-Benz, MAN oder Krupp konnte man auf die nötigen Erfahrungen zurückblicken, um Krefelder Werkmannarbeit auf die neuen Schnellstraßen loszulassen.
Nach einer Art »Fingerübung« in Form eines 1935 auf der Automobilausstellung in Berlin gezeigten Busses auf Daimler-Benz-Chassis sollte es losgehen.
War der auf der IAA gezeigte Bus noch mehr aesthetisch denn aerodynamisch ein Meisterstück, so gedachte man nun ein reinrassiges Stromlinienfahrzeug aufzubauen. Dazu wurde der Altmeister Paul Jaray in Luzern um die Anfertigung einer entsprechenden Zeichnung gebeten.
Jaray hatte eine Art von Kurzhauber in seiner üblichen Formgestaltung, ohne Kotflügel und dergleichen Strömungshemmnisse, vorgesehen.
Was niemand für möglich gehalten hätte, wurde bei den Uerdinger Tüftlern dennoch wahr: Der wenig später fertiggestellte Aufbau war einer der konsequentesten aller ausgestellten Busse geworden, mit einer völlig abgerundeten Haube, unter Plexiglas abgedeckten, völlig in der Außenform integrierten Scheinwerfern, Jarays patentgetreuer 5fach geteilter Windschutzscheibe mit Lüftungsklappe sowie einer völlig glatten Abdeckung der Wagenunterseite.
Die langjährige Erfahrung der Firma in Ganzstahlkarosserien kam ihr hier zunutze. Angewendet wurde wohl zum ersten Male bei einem schnellfahrenden Nutzfahrzeug die Ganzstahlbauart, d. h. eine Art Stahlgerippe ohne eigentliches Chassis wurde nur noch mit Stahlblechen beplankt.
Durch Fortfall der hölzernen Verstrebungen und Futterhölzer einer üblichen Karosserie ergab sich eine Gewichtsersparnis, die unserem Stromlinienfahrzeug in Verbindung mit dem wohl recht günstigen Luftwiderstandsbeiwert gute Fahrleistungen beschert haben müßte.

Like so many manufacturers of bus bodies, the coachwork firm Uerdingen AG of Krefeld-Uerdingen found itself compelled to apply for a Jaray licence with the advent of the German motorways.
A prerequisite for motorway buses which were to be supplied to the German railways was that they be streamlined. As Paul Jaray held these patent rights, all contending firms had to apply for his licence.
This well-established and renowned coachwork firm (founded in 1898) had included buses in its production programme from early on. Around 1925 the firm pioneered all-steel bodies at a time, when most firms were still building composite bodies, i.e. a metal skin on a wooden frame. As a regular supplier to the large coachwork producers like Büssing, Daimler Benz, MAN and Krupp, the firm had gained sufficient experience to enter the express motorway venture.
As a sort of "prelude" a bus on a Daimler Benz chassis was shown at the automobile exhibition in Berlin in 1935. This bus was more aesthetically pleasing than aerodynamically effective. Its successor however was to be a thoroughbred streamline vehicle and the master himself, Paul Jaray, was consulted in his offices in Lucerne for design ideas.
Jaray came forward with a short-bonneted design which incorporated his usual features, i.e. a minimum of obstructive contours. The Uerdinger boffins did what nobody thought possible: Their work was rationally thought out and well executed resulting in one of the most successful streamlined buses to be exhibited: The bonnet was completely rounded, headlights were covered with plexiglass and completely integrated into the body contour. Further features were Jaray's patented five-part windscreen with ventilation flap and a smoothly covered underbody.
The experience gained in all-steel construction came in useful. This was probably the first time that a commercial vehicle was of an all-steel construction. Its stressed steel framework and sheet metal covering completely replaced the conventional chassis.
This kind of structure was lighter than the conventional composite bus bodies mounted on standard chassis and the saving in weight, together with the body's low coefficient of drag, should have given the vehicle an excellent performance.
These are all assumptions, since the firm's archives were lost during the war and no test results have been preserved. Technical magazines also bear no reports about this (presumably) single prototype. All that can be said is that the coachwork firm from Krefeld was amongst the first to attempt a total solution to the design of express buses.

Leider kann an dieser Stelle nur im Konjunktiv gesprochen werden, denn die gesamten Archivunterlagen der noch bestehenden Firma wurden ein Opfer des Krieges, und Meßwerte konnten nicht mehr ermittelt werden. Auch die einschlägigen Fachzeitschriften verschweigen das weitere Schicksal dieses (vermutlichen) Einzelstückes. Zumindest kommt den Krefelder Waggonbauern das unbestreitbare Verdienst zu, sich wohl als eine der ersten Firmen an eine 100%ige Lösung auf dem Gebiet des Schnellverkehr-Omnibusses gewagt zu haben.

Uerdingen, Krefeld-Uerdingen

Jahr	Chassis	Typ	Hubraum	PS	Entwurf	Radstand	Spurweite v/h	Achsen	Gewicht Chassis	Gewicht komplett	Verbrauch l	V max.	Preis	Menge	Kommission	Bemerkungen
Year	Make	Type	Capacity l	HP	Designer	Wheelbase m	Track front/rear m	Axles	Weight kg	Weight total kg	Consumption l	Speed km/h	Price	Specimen	Commission	Remarks
1935	Mercedes	Lo 3100		95	Jaray			2						1 ?	Uerdingen	
1936	Mercedes Diesel			120	Jaray	5,50		2						1 ?	Uerdingen	24 Sitze/seats 9,55 m Länge/length

1 Uerdingen-Karosserie auf Daimler-Benz-Chassis Lo 3100, 1935 ausgestellt. Bis auf die vorderen Kotflügel eine organische Gestaltung.

1 Uerdingen body on Daimler Benz chassis Lo 3100, exhibited in 1935. An organic concept, except for the front mudguards.

1

2 Das rundliche Heck.

2 The rounded rear.

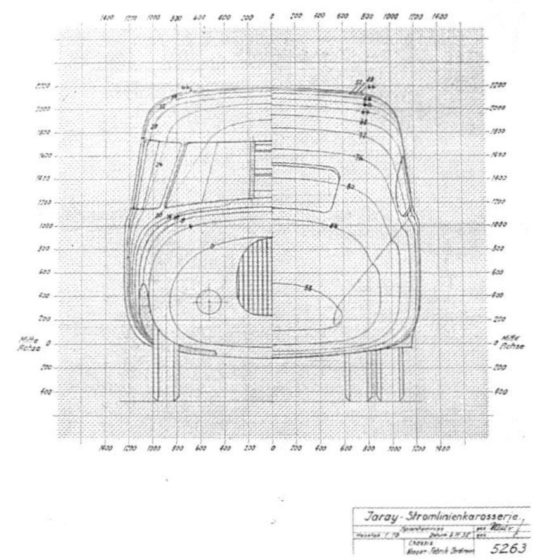

3, 4 Entwurfszeichnungen aus Luzern für die Krefelder Omnibusbauer. Paul Jaray hatte eigens einen Zeichner einstellen müssen, um allen Interessenten seine kompromißlosen Entwürfe anbieten zu können.

3, 4 Design from Lucerne for the Krefeld bus company. Paul Jaray employed his own draughtsman who recorded his uncompromising ideas on paper for clients.

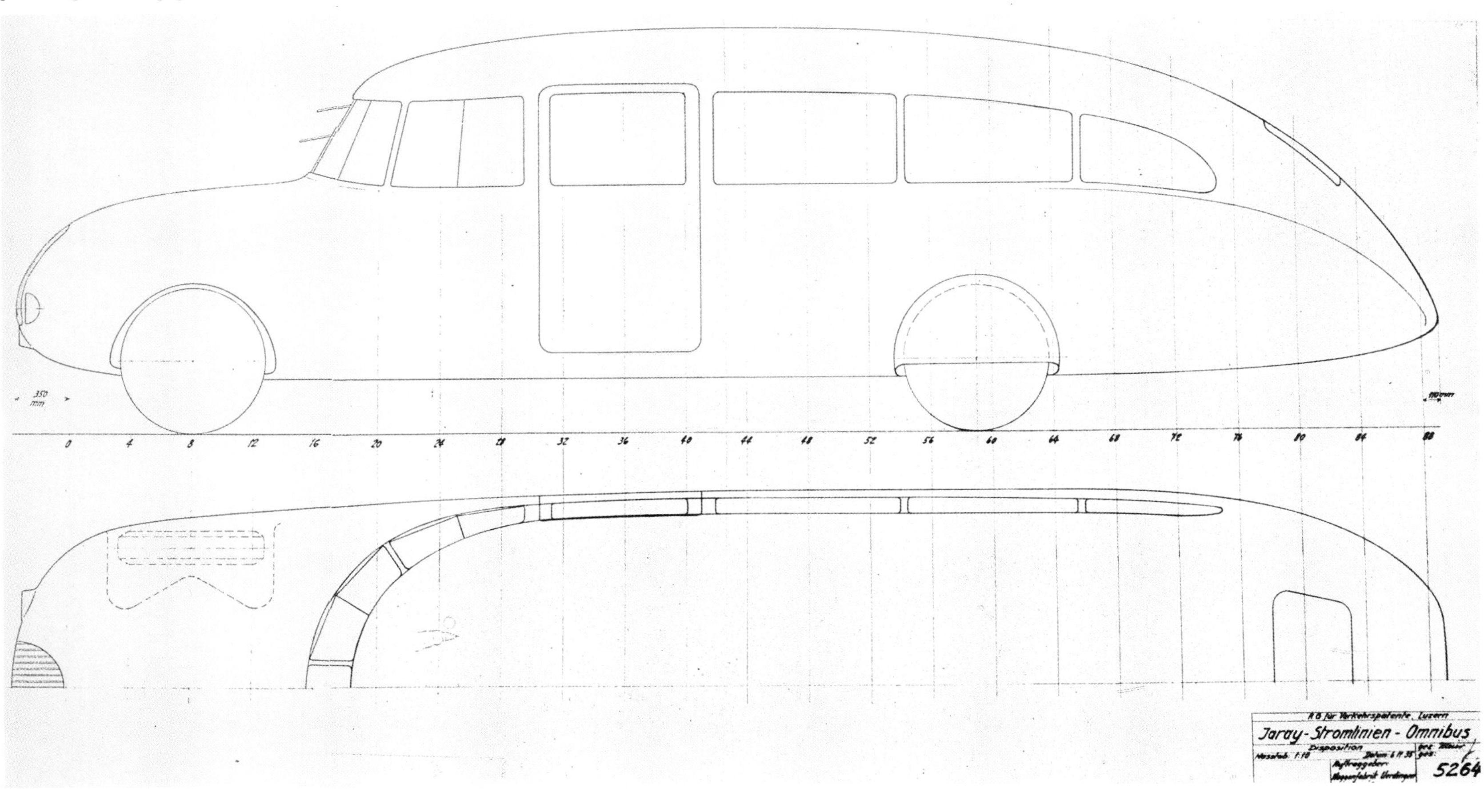

5

5 Der 1936 ausgestellte Stromlinien-Bus, von einer »knackigen deutschen Maid« garniert. Die Freude über ihr gelungenes Schaustück hinderte die Krefelder Mannen nicht daran, den Namen des großen Meisters falsch zu schreiben: Jarey statt Jaray. Bei späteren Auto-Ausstellungen konnte ein Hinweis auf Jarays Patente nicht mehr angebracht werden, da dieser als Vertreter der »jüdischen Stromlinie« gebrandmarkt war – seine Patente brauchte man dennoch …

5 The streamlined bus exhibited in 1936 decorated with an appetising German maiden. The sweet taste of success did not stop the Krefeld staff from misspelling the name of the great master: Jarey instead of Jaray. He could not be referred to at later exhibitions since he was branded as representative of the "Jewish streamline" though his patents were still used …

Krauss-Maffei-Leichtbus, in den frühen 50er Jahren vor dem Münchner »Friedensengel« fotografiert.

Krauss-Maffei light-weight bus photographed in front of the "Friedensengel" (angel of peace) in Munich in the early fifties.

Der Büssing-NAG-»Trambus«, wie er im Prospekt von 1936 dargestellt wird.

The Büssing-NAG trambus as it was illustrated in the prospectus of 1936.

Stout-Scarab (USA), zwischen 1935 und 1939 in kleiner Serie gebaut. Photo des Autors.

Stout "Scarab" (USA) which was produced on a small scale between 1935 and 1939. Author's photo.

6 Ein Patent (DRP 653 235) der Waggon-Fabrik Uerdingen, in dem eine ideale Stromlinienform durch eine knappe Verbindung zwischen Busheck und Anhänger geschaffen wird.

6 A patent (DRP 653 235), held by the coachwork firm Uerdingen which shows the ideal streamline shape created by a short connection piece between bus rear and trailer.

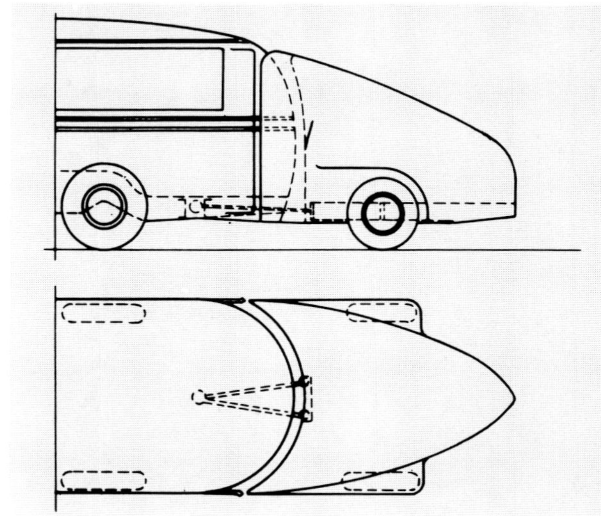

6

7, 8 Zwei weitere Jaray-Entwürfe für Uerdingen-Omnibus-aufbauten. Beide Zeichnungen nicht realisiert.

7, 8 Two further Jaray designs for Uerdingen bus bodies. Neither was built.

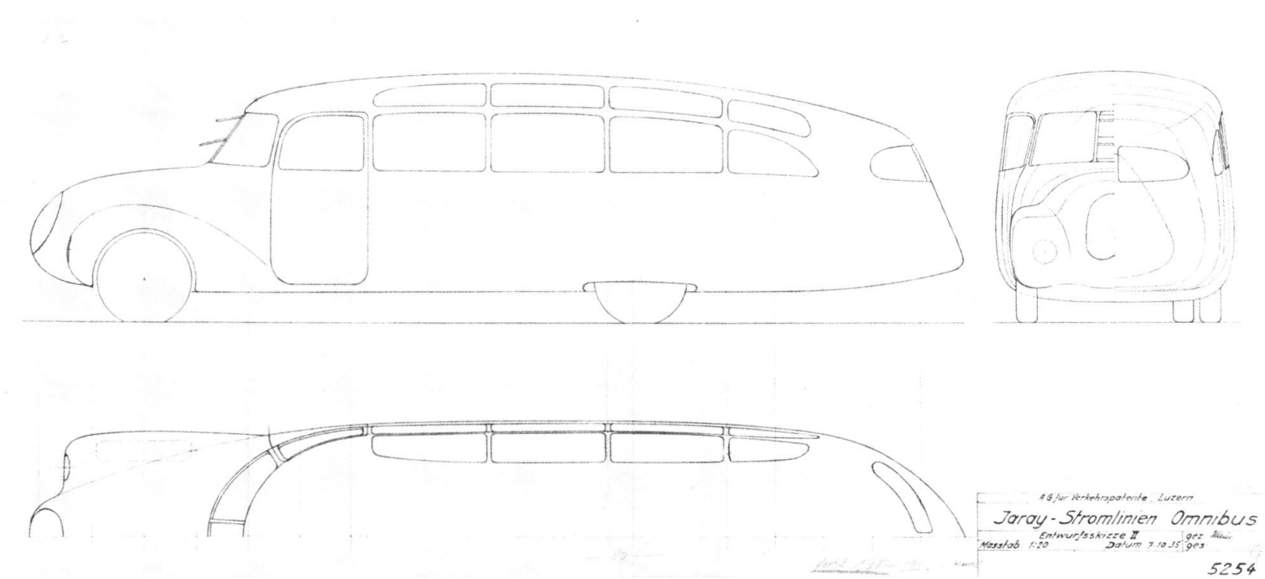

7

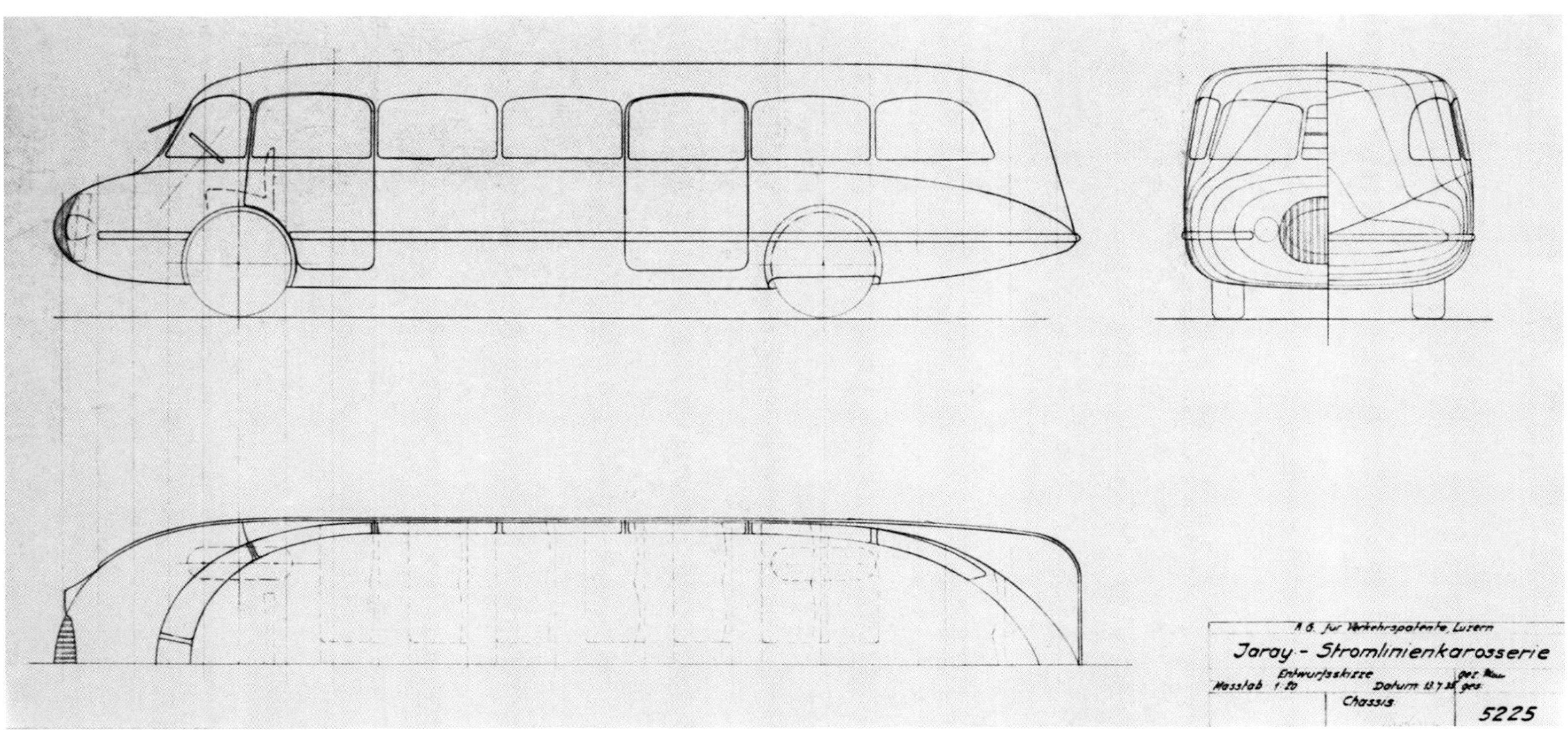

VETTER

Die 1922 von Walter Vetter als Handwerksbetrieb gegründete Karosseriefirma, bis in die Nachkriegszeit in Bad Cannstatt ansässig, stellte anfangs fast ausschließlich PKW-Aufbauten her.
In den Jahren 1930 und 1931 hatte man u. a. Sport-Aufbauten für Rekordfahrzeuge mit DKW-Motor zu liefern. Der Kunde, Freiherr Koenig-Fachsenfeld aus Stuttgart, wünschte weitgehend glatt verkleidete Aufbauten, um durch verbesserten Luftwiderstand seine geplanten Rekorde auch erreichen zu können.
Walter Vetter als Techniker sah die zukünftige Bedeutung dieser Formen voraus, und fühlte sich handwerklich gefordert.
Nach der 1932 hergestellten ähnlich geformten Karosserie für einen (privaten) Mercedes-Rennwagen, der in der Hand von Manfred von Brauchitsch durch seinen Avus-Sieg Aufsehen erregte, kam es zu einer längeren Beschäftigung mit den »Stromlinien«-Karosserien.
Freiherr Koenig-Fachsenfeld, selber Privat-Aerodynamiker, fand nicht nur Gelegenheit, weitere PKW-Aufbauten für Vetter zu entwerfen, im Zuge der Autobahn-Entwicklung ab 1934/35 beriet er Vetter bei der Entwicklung einer luftwiderstandsarmen Bus-Karosserie für eine geplante Kleinserie.
Diese seit 1935 auf Daimler-Benz- und anderen Chassis hergestellten Karosserien hatten noch den typischen Motorhauben-Vorbau. Durch geschickte Abrundungen nach den »Stromlinien«-Patenten von Paul Jaray ergab sich nicht nur eine sehr aesthetische Form, der Luftwiderstand wurde tatsächlich wesentlich reduziert. Entsprechend günstig fielen Höchstgeschwindigkeit und Kraftstoffverbrauch aus, wie der abgedruckte Brief eines zufriedenen Omnibus-Unternehmers zeigt.
Um den Grad der möglichen Luftwiderstandsverbesserung festzustellen, führte Koenig-Fachsenfeld noch im selben Jahr, 1935, umfangreiche Modellversuche mit verschiedenen Heckpartien im Windkanal des Flugtechnischen Instituts der TU Stuttgart durch.
Dabei zeigte sich, daß das bekannte, sehr schräg ablaufende »Jaray-Heck« nicht nur den Nachteil einer verlorenen Sitzreihe bei Omnibussen hatte, durch die üblicherweise angewandte, zu abrupte Verjüngung löste sich die Luftströmung schon früh über dem Dach ab und ergab folglich relativ ungünstige Luftwiderstandsbeiwerte.
Koenig-Fachsenfeld stellte nun bei den Messungen mit einer senkrecht abgeschnittenen Heckpartie, heute nennen die Stylisten so etwas »Vollheck«, sowohl eine günstige Raumausnutzung durch Beibehaltung der hintersten Sitzreihe als auch, verglichen mit den sog. »Stromlinienhecks« nach Jaray, eine Luftwiderstandsverbesserung fest. Aus diesen Untersuchungen entstand später das bekannte Patent über »das abgeschnittene Heck« oder die sog. »K«-Form.

In its early days Walter Vetter's workshop, founded in 1922, was mainly building bodies for passenger vehicles and conducted its business in Bad Cannstatt until after the war.
During 1930 and 1931 sports car bodies for DKW engines were built amongst others and Freiherr (Baron) Koenig-Fachsenfeld from Stuttgart ordered special streamline bodies here for his special record-breaking vehicles.
Walter Vetter as an engineer could see the future of the streamline concept and was prepared to meet the challenge.
In 1932 a similarly shaped body for a privately owned Mercedes racing car caused much excitement at the Avus race. The car was driven to victory by Manfred von Brauchitsch and its success started an intensified experiment with "streamline" bodies.
Freiherr Koenig-Fachsenfeld, who had a private interest in aerodynamics, not only designed passenger car bodies for Vetter but also advised the firm on a concept for a low-drag bus body intended for a small-scale production with the advent of motorways (1934/35).
These buses (produced from 1935 onwards) on Daimler Benz and various other chassis still had the conventional protruding bonnet. In accordance with Paul Jaray's "streamline" patents however the body was skilfully rounded which reduced the drag considerably. This beneficially affected the petrol consumption and top speed as can be gleaned from the letter below written by a satisfied bus company.
To attain data on drag reduction, Koenig-Fachsenfeld conducted extensive research on the rear sections of models in the windtunnel of the Flugtechnisches Institut at the Stuttgart technical university in 1935.
The results showed that the very oblique "Jaray rear" not only cut out a row of seats in buses, but was too abrupt to maintain attached flow. Early flow separation over the roof therefore led to poor drag coefficients.
Tests with cut-off rear sections produced a reduction in drag and had the added advantage that another row of seats could be accommodated at the back. This research led to the patent on "the cut-off rear" or the so-called "K" shape.
Surprisingly Vetter's streamline buses were given a Jaray type rear and not the "K" rear. It appears that only six of these streamline buses with characteristic bonnets were built until 1939.
A Vetter prospectus of 1936 depicts an approximate streamline shape of their own design which however was never built. Walter Vetter and his technicians could be termed propagators of streamlining as they did build further vehicles, though mostly experimental bodies for passenger cars – amongst them a 2 litre Opel, a Mercedes 230 and the famous "K 1" Kamm test vehicle.

Erstaunlicherweise bekamen Vetters Stromlinienbusse dann doch kein »K«-Heck, ihnen wurde »nur« das gut ausgeführte Heck nach Paul Jaray spendiert.
Wie es scheint, sind von diesen strömungsgünstigen Bussen mit Motorhaube wohl nur 6 Stück bis 1939 tatsächlich gebaut worden.
Der Farbprospekt der Firma Walter Vetter zeigt 1936 eine eigene, in etwa strömungsgünstige Linie in Form des dargestellten Aufbaues, der aber nie hergestellt wurde.
Walter Vetter und seine Mannen dürfen als Förderer der Stromlinie gelten, bauten sie doch noch weitere Fahrzeuge auf, allerdings nur als Versuchs-PKWs. Genannt seien ein 2-ltr-Opel, ein Mercedes 230 und der berühmte Kamm-Versuchswagen »K-1«.
Die Firma erweiterte ihre Anlagen im Zuge der Spezialisierung auf ausschließlichen Busaufbau in den Nachkriegsjahren und mußte gegen 1956 umziehen. Ein geeignetes Gelände in Fellbach wurde gefunden, auf dem der Omnibus-Karossier Vetter heute modernste Omnibusaufbauten herstellt, unter Leitung des Sohnes Walter Vetter jr.

Literatur

Deutsche Fahrzeugtechnik, 7 + 8, 15. 4. 1937, S. 15

After the war the firm specialised in coachwork for buses and extended its workshops. In 1956 larger facilities had to be found and Vetter moved to Fellbach where still to this day progressive bus bodies are built under the supervision of the son Walter Vetter jr.

»Die von der Firma Walter Vetter, Karosseriefabrik, Bad Cannstatt, gebaute Karosserie hat sich bis heute in jeder Hinsicht ganz hervorragend bewährt. Schon manches Mal war es nur mit diesem Fahrzeug möglich, weite Strecken in kürzester Zeit zurückzulegen. Was Ihnen unser Fahrer erklärte, stimmt genau, daß das Fahrzeug spielend eine Geschwindigkeit von 110 km/h erreicht. Erst vor kurzem haben wir das auf der Reichsautobahn wieder versucht, wobei ein Schnellwagen der Reichsautobahn diese Geschwindigkeit nicht erreichen konnte. Die Maschine ist mit einem 95 PS Motor ausgerüstet und benötigt nicht mehr Rohöl, als unser zweiter Wagen ohne Stromlinienkarosserie und der mit einem 65 PS Motor ausgestattet ist. Es ist also richtig, daß die Stromlinienkarosserie einen sehr sparsamen Betriebsstoffverbrauch herbeiführt.
Sollten Sie noch weitere Angaben benötigen, so sind wir gerne bereit, Ihnen mit weiteren zu dienen.«
Mit deutschem Gruß
Autoreisebüro Piek, Karlsruhe
Kaiserstr. 36, Tel. 1322

“The vehicle built by the coachwork firm Walter Vetter, Bad Cannstatt, has given excellent service right up to the present day. On several occasions it has proved to be the fastest vehicle over large distances. Our driver's claim a top speed of over 110 km/h which we verified recently when a private car, belonging to the motorways could not keep up with it. The vehicle is powered by a 95 hp engine and actually has the same fuel consumption, due to its streamline shape, as one of our standard vehicles with a smaller 65 hp engine. We can therefore verify that streamlining reduces fuel consumption. If you require further details, we would be only too pleased to assist you.“
With German regards
Autoreisebüro Pieck, Karlsruhe
Kaiserstr. 36, Tel. 1322

Vetter, Bad Cannstatt

Jahr	Chassis	Typ	Hubraum	PS	Entwurf	Radstand	Spurweite v/h	Achsen	Gewicht Chassis	Gewicht komplett	Verbrauch l	V max.	Preis	Menge	Kommission	Bemerkungen
Year	Make	Type	Capacity l	HP	Designer	Wheelbase m	Track front/rear m	Axles	Weight kg	Weight total kg	Consumption l	Speed km/h	Price	Specimen	Commission	Remarks
1935/ 1936	Mercedes Diesel			95								110	1935: Lo 2600 27 Sitze/ seats 7350 RM	1	Reisebüro Piek, Karlsruhe	Weitere ca. 5 Busse in dieser Form gebaut, im Detail verbessert[1]
ca. ab 1937 und später/ approx. from 1937 onwards	Mercedes Diesel												Lo 3100 31 Sitze/ seats 8500 RM 3,5 to 37 Sitze/ seats 9500 RM* 2400 RM Aufpreis f. Stromlinienaufbau[3]			Trambus, in mehreren Exemplaren geliefert. Bis auf die typische Jaray-Windschutzscheibe weniger konsequent ausgeführt.[2]

[1] 5 more buses were built in this shape with improved features [2] Trambus supplied in several exemplars. Jaray windscreen slightly modified [3] higher price for streamline bodies

1

2

1 Dieses Foto aus dem Jahre 1934 zeigt die 4 Herren, die maßgeblichen Anteil an der Vetterschen Stromlinie genommen haben: Hinter der Maserati-»Rennlimousine« für den Stuttgarter Rennfahrer Ruesch posieren vor der Kamera von links nach rechts Betriebsleiter Hauser, Hans Heyne, seit 1928 verantwortlich für alle Konstruktionszeichnungen, Freiherr Koenig-Fachsenfeld, der Aerodynamiker, und Walter Vetter.

1 This picture from 1934 shows the four gentlemen mainly responsible for the Vetter type of streamline: Behind the Maserati "racing limousine" built for the racing driver Ruesch from Stuttgart we have from left to right: manager Hauser, Hans Heyne (from 1928 onwards responsible for all the design work), Freiherr Koenig-Fachsenfeld (the aerodynamicist) and Walter Vetter.

2 Aus den 1935 durchgeführten Windkanal-Versuchen im Flugtechnischen Institut der TH Stuttgart: Hier das Modell eines Haubenbusses, das als Vorbild für den ersten strömungsgünstigen Vetter-Bus diente.

2 After windtunnel tests at the Flugtechnisches Institut at the technical university Stuttgart (1935): The model of a bonnet type bus, the prototype for the first streamline Vetter bus.

4

3 Blick aus der Düse in den Auffangtrichter des Modell-Windkanals.

3 View of the windtunnel looking from the nozzle towards the collector.

4 Dezember 1935 – der erste Stromlinienbus aus dem Hause Vetter steht fertig lackiert zur Abnahme bereit. Das ungewöhnliche Gesicht mit den tiefliegenden Scheinwerferaugen erinnert eher an einen Personenwagen.

4 December 1935 – the first streamline bus from the house of Vetter is painted and ready for delivery. The unusual front with the low-set headlights gives the impression of a passenger car.

5 »Pieck's Reise-Zepp« hatte eine spitz zulaufende, angehobene Hecklinie, verkleidete Hinterräder und günstig geformte Kotflügel. Die Wagenunterseite war verkleidet. Alle Maßnahmen zusammen ergaben durch verringerten c_w gute Fahrleistungen: Mit 95 PS wurden »spielend« 110 km/h erreicht, was gleich starken Schnellomnibussen der Deutschen Reichsbahn zu dieser Zeit nicht gelang, wie der erfreute Omnibus-Unternehmer in einem Dankesbrief berichtete.

5 "Pieck's Reise-Zepp" has a pointed, elevated rear, covered rear wheels and well-shaped mudguards. The underside of the body was covered. The combination of these features reduced the Cd and improved the driving performance: With an output of 95 hp, 110 km/h could be easily reached, something which other express buses of the same power class could not do, according to a letter from a grateful bus company.

6

6 Dieser Mercedes-Diesel-Bus, wohl 1936 gebaut, hatte eine schrägere, aerodynamisch günstiger geformte Kühlerpartie erhalten.

6 This Mercedes diesel bus from around 1936 had been given a sloping radiator section which was an aerodynamic improvement.

7 Die Vorderansicht zeigt die weiche, elegante Linienführung mit den Entlüftungsrippen auf der Kühlerhaube.

7 The view from the front shows the soft, elegant shape with ventilation grid on the bonnet.

7

8 Die gleiche Konstruktion auf Ford-Chassis. Wohl aus Geschmacksgründen wurde hier auf die Abdeckung der Hinterräder verzichtet.

8 The same design mounted on a Ford chassis. The rear wheels had probably not been covered purely as a matter of taste.

9 Ein weiterer Bus auf Mercedes-Chassis, dem die zweifarbige Lackierung recht gut steht. Der Aerodynamiker hätte sich nur noch glatte Radscheiben für die Räder gewünscht.

9 Another bus on Mercedes chassis with a tasteful two-tone paint work. An aerodynamicist would have preferred the wheels to have had smoother centres.

Omnibusse

in höchster Vollendung, besonders geschmackvoller Ausstattung und ganz hervorragender Polsterung.

Karosserie-Vetter, Bad-Cannstatt

Brückenstr. 6 Tel. 51687

10

10 Wie diese Kleinanzeige zeigt, traute sich Vetter schon recht früh (ca. 1937) an Trambus-Formen.
11 Der Basis-Entwurf für Vetters Frontlenker-Busse war dieses Holzmodell mit »K«-Heck, welches ebenfalls 1935 im Windkanal getestet wurde.
12 Der danach aufgebaute Bus (hier auf Büssing-Chassis) ist leider nicht so konsequent durchgearbeitet, wie es der beratende Aerodynamiker empfohlen hatte.

11

10 This advert shows that Vetter made early attempts (about 1937) with trambuses.
11 The basic design for some of Vetter's buses was this wooden model with "K" rear, which was also tested in the windtunnel in 1935.
12 The bus constructed from the previous model (on Büssing chassis) was not shaped quite as the advising aerodynamicist had suggested.

12

13

13 Überaus schlichte Frontpartie des Trambus-Modells. Fenstervorsprünge wurden (realistischerweise) gleich in das Modell mit eingearbeitet.

13 A very plain front section for this trambus model. Projecting window edges were added to make it more realistic.

14

14 Trambus auf Mercedes-Chassis, bei dem der riesige Kühler eine elegante Formgestaltung verhindert. Völlig patentgetreu ist die heute unbekannte, kleine Mittelscheibe, die ausstellbar war und damit zur Belüftung des Innenraumes diente. Sämtliche Jaray-Entwürfe sind sofort an seiner originellen Mittelscheibe zu erkennen.

14 Trambus on Mercedes chassis. The enormous radiator spoils the elegance of the concept. The small centre window, a feature unknown today, which could be opened for ventilation purposes, was built exactly according to the patent. All Jaray designs can be recognised by this feature.

LASTWAGEN UND WOHNWAGEN
TRUCKS AND CARAVANS

Der in den 30er Jahren übliche Lastwagentyp Deutschlands zeichnet sich durch einen über der Vorderachse liegenden Motor aus, wodurch das Führerhaus weit nach hinten rückte. Die Frontpartie war zerklüftet wie bei den Personenwagen gestaltet, also senkrecht stehender Kühler, frei im Luftstrom stehende Scheinwerfer und Kotflügel. Die aus Holzlatten aufgebaute Ladefläche des Pritschenwagens war über den hinteren Rädern angebracht. Die ganze Konstruktion ruhte, wie auch heute noch, auf einem klassischen Leiterrahmen. An eine abgerundete Verkleidung des ganzen, oder eine Frontlenker-Bauart, dachte zu Beginn der dreißiger Jahre noch niemand.

Mit dem Beginn der Schnellverkehr-Ära ab 1935 änderte sich dieses aber rasch. Das vorher eckige Erscheinungsbild begann sich langsam zu runden; Führerhäuser erhielten schräggestellte Windschutzscheiben, und Dächer wölbten sich sanft nach allen Seiten. Schon 1934 waren Entwürfe mit vollverkleideten, glatten Seitenflächen zu sehen, die aber nach wie vor den Nachteil des hochliegenden Rahmens hatten, wodurch trotz einer tief heruntergezogenen Verkleidung der Seitenflächen der mögliche Stauraum nicht voll ausgenutzt wurde.

Als Vorreiter einer moderneren, zweckmäßigeren Bauweise entstand 1934 ein 4-Tonnen-Diesel-Lastwagen der Hanomag AG, der keine eigentliche Motorhaube mehr benötigte. Sein querliegender Unterflur-Motor war zwischen den beiden Achsen, unterhalb des noch hoch liegenden Rahmens, untergebracht. Das Führerhaus saß über der Vorderachse, und nur der Kühler ragte noch aus der Frontwand heraus.

Diese für Deutschland ungewöhnliche Bauweise regte den Zeichner der »Deutschen Fahrzeugtechnik« sogleich zu einem Alternativ-Entwurf an, bei dem aus dem eckigen Kurzhauber ein völlig geschlossener, abgerundeter Kastenwagen wurde, in einer auch heute noch als optimal zu sehenden Linie. Dieser allseits gerundete, geschlossene Außenform wäre bei einer zusätzlichen Unterbodenverkleidung dem Ideal des stromlinienförmigen Lastwagens sehr, sehr nahe gekommen.

Der geschlossene Lieferwagen statt des offenen, mit einer Plane abgedeckten Pritschenwagens hätte sich natürlich für einen Güterschnellverkehr auf der neuen Reichsautobahn gut geeignet. Die Idee des strömungsgünstigen Schnell-Lastwagens hätte eigentlich von Paul Jaray kommen müssen, meint jetzt mit Recht so mancher Leser. Recht hat er, denn entsprechende Pläne konnte der Stromlinienwagenerfinder im August des Jahres 1935 vorlegen. Als Abwandlung seiner üblichen Haubenomnibusse wurden hier nur die Fensteröffnungen weggelassen und fertig war der Schnellieferwagen.

Es verwundert nicht, daß die Firma Daimler-Benz an den auf ihrem Chassis skizzierten Plänen keinen großen Anteil nahm. Ihre Strömungs-

The typical German truck of the thirties had its engine mounted beyond the front axle, which tended to push the driver's cabin towards the rear. As with passenger vehicles of the time, the front was far from smooth and regular, having an upright radiator with free-standing headlights and mudguards. The loading area, usually constructed of wooden slats, was situated over the rear wheels. The entire body rested on a classic ladder frame, which is still the case today. Nobody at the beginning of the thirties even considered using a rounded body or placing the driver further towards the front.

The high-speed transport era, which started around 1935, brought rapid changes. Sharp corners became rounder, driver's cabins were fitted with slanting windscreens and gently cambered roofs. As early as 1934, designs showed completely covered, smooth-sided vehicles. These appeared to have a large loading capacity due to the deep sides, but in fact could not use all the enclosed space due to the high-lying chassis.

A forerunner of a modern, practical vehicle was a 4 ton diesel truck, built by Hanomag AG in 1934. The vehicle's transverse engine, mounted between the axles beneath the elevated chassis frame, made the customary bonnet obsolete. The driver's cabin was situated over the front axle and only the radiator protruded forwards.

This unusual design – at least by German standards – prompted a draughtsman of the "Deutsche Fahrzeugtechnik" to put some of this own ideas on paper. He modified the Hanomag design, turning its short bonnet into a fully enclosed, rounded box shape which, even today, could be called optimal. This totally rounded and enclosed body would have been even better, had the underside also been enclosed.

This closed delivery van would have been much more suitable for long-distance deliveries on the new motorways than conventional canvas-covered lorries. Many readers will be right in assuming that the idea of a streamline high-speed truck should have come from Paul Jaray. This is in fact correct, since this streamline vehicle inventor did present his ideas on the subject in 1935. He simply removed the windows from a conventional omnibus (with bonnet) and was left with a high-speed truck.

It is hardly surprising that Daimler Benz showed little interest in his plans which were based on one of their chassis. The streamline only interested this firm in passenger vehicle design.

Trucks with up to four axles, minimal bonnets and the driver placed right up front, were common in France and England, but the German commercial market had to wait a while for this favourable layout, despite the fact that streamlining was so popular in that country.

Faun, the established truck factory from Nürnberg, made a start in 1938 with an eight-wheel, 15 ton truck. Here a trambus type front blended

Linie wurde konsequent nur auf dem Personentransportsektor weiterverfolgt.
Während der günstig zu karossierende Frontlenker-Lastwagen mit bis zu vier Achsen in England und Frankreich seit Jahren üblich war, mußte der deutsche Unternehmer weiterhin, trotz zeitgemäßer Stromlinien-Begeisterung, auf seinen Kurzhauber warten.
Der alte Nürnberger Lastwagen-Fabrik Faun blieb es vorbehalten, gegen 1938 mit einem Achtrad-Fünfzehntonner zu brillieren, dessen Trambus-Frontpartie harmonisch in die nicht überstehende Ladefläche mit Plane überging. Bei einer völligen Verkleidung der Seitenpartie wäre schnell ein Lade-Bus daraus geworden.
Doch diese dem schnellen Güterverkehr so nützliche Idee war offenbar noch nicht reif für den Serienbau, schließlich hatte die Deutsche Reichsbahn noch keinen Autobahn-Verkehr für Schnellastwagen erwogen.
Die Gestaltung ihrer 1936 gezeigten Ausflugsbusse vom Typ M 35 schlug sich nach dem Kriege bei der alten Nutzfahrzeug-Firma Magirus-Deutz in Form eines ungewöhnlichen Lastwagens nieder. Die allseits abgerundete Haube der Diesel-Busse stand Pate für den 1952 vorgestellten S 6500. Bei einer Ladefläche in Breite des Führerhauses, vollverkleideten Seitenflächen und einem harmonischen Ablauf des vorderen Kotflügels hätte sich ein akzeptabler Luftwiderstandsbeiwert ergeben müssen, allerdings waren die angegebenen Geschwindigkeitsleistungen von maximal 78 km/h kaum für einen Schnellverkehr nach alter Vorkriegsart geeignet. Die vor dem Kriege gepflegten Ideen des Trambus-Lastwagenaufbaues fanden nach 1945 ihren Widerhall in Spezialaufbauten u. a. der Wuppertaler Karosseriefabrik Ackermann, die in den 60er Jahren auf einem Frontlenker-Chassis von Daimler-Benz den weitgehend verkleideten Möbel- oder Lieferwagen mit ähnlich geformten Anhänger präsentierte. Es war sicherlich kein Wunder, daß ebendiese Firma 1981 den ersten nach Strömungsgrundsätzen neuentwickelten Anhänger-Zug (ebenfalls auf Daimler-Benz-Chassis) vorstellen konnte.
Daß fast 50 Jahre nach Aufkommen der Schnellastwagen-Idee entsprechende Fahrzeug-Konzepte allenthalben bei den großen deutschen Nutzfahrzeugherstellern erprobt werden, zeigt heute, im Zeitalter der Energiekrise, nur die Wichtigkeit eines aerodynamisch richtig entwickelten Lastwagens.
In den großen Zeiten des Busverkehrs, den 30er Jahren, wurden Busanhänger ähnlich gerundet wie ihre Zugfahrzeuge entworfen, wie unsere Abbildungen zeigen. Man schreckte auch nicht vor Einachs-Anhängern mit mehreren Sitzreihen zurück, die sensiblen Fahrgästen das Gefühl einer Schiffsreise vermittelt haben müssen.
Der an einem Personenwagen angehängte Wohnwagen, auch Campingwagen genannt, fand schon immer seine Liebhaber. Rein gefühlsmäßig glichen die Hersteller ihre rollenden Wohnzimmer der vermeintlich korrekten Form eines verkürzten Stromlinienprofils an, volkstümlich (aber nicht korrekt) »Tropfen« genannt. Überprüfungen der Frage, ob denn diese augenfreundliche Gestaltung des Wohnanhängers so strömungsgünstig sei, wie sie aussah, wurden erst sehr spät durchgeführt.
Im Stuttgarter Forschungsinstitut FKFS wurden gegen 1939 wohl zum erstenmal Messungen der Luftwiderstandsbeiwerte von handelsüblichen Wohnwagen durchgeführt. Man versuchte auch, durch Messungen den Strömungszusammenhängen zwischen verschieden geformten Zugwagen und unterschiedlichen Wohnanhängern auf die Spur zu kommen.
Es zeigte sich dabei, daß die Ideal-Kombination ein strömungsgünstiges Fahrzeug mit »K«-Heck und eine neuartige Form des Wohnwagens wären. Als Resultat dieser Forschungen wurde ein Anhänger mit einem

harmoniously into the loading area which was covered by canvas sheet. If the sides had been fully covered, the firm could have boasted a bus-shaped truck.
This was too premature in terms of mass-production though, since the German railways had not yet considered motorway transport using high-speed trucks.
Magirus Deutz, well established in the commercial vehicle sector, after the war developed its model M 35 touring bus from 1936, into an unusual truck. M 35 buses already had generally rounded bonnets and can be considered the forerunners to the S 6500 of 1952. If the loading area had the same width as the driver's cabin the fullycovered sides and the harmoniously shaped mudguards should have resulted in a low coefficient of drag. It was underpowered however and its top speed of 78 km/h was hardly in keeping with pre-war motorway speeds, let alone post-war.
The pre-war concept of a trambus truck body was revived in special constructions after 1945. During the sixties for example, Ackermann, the bodywork firm from Wuppertal, developed an almost completely covered furniture or delivery truck with matching trailer based on a Daimler Benz chassis. It is hardly surprising that this same firm in 1981 presented the first articulated truck (also based on a Daimler chassis) to be designed according to aerodynamic principles. Today, fifty years after the idea of high-speed trucks was conceived, many large German firms producing commercial vehicles are starting to realise the importance of aerodynamics which, through the energy crisis, has become an all-important design factor.
During the thirties, when bus travel was at its peak, bus trailers were shaped similar to streamlined buses, as shown in the illustrations. Single-axle trailers with several rows of seats were often used, which probably made the more sensitive passengers quite "sea-sick".
The idea of a caravan towed by a passenger vehicle also caught the public's imagination. Designing purely by feel, caravan manufacturers adopted what they thought to be the correct shape for their vehicles, namely that of a shortened aerofoil section (popularly though not correctly known as the drop shape). These caravans, which to the eye appeared so favourably shaped, were only tested much later for their streamline properties.
Around 1939 possibly the first drag values of commercial caravans were released by the research institute in Stuttgart, the FKFS. Measurements were also carried out to discover flow relationships between towing vehicles of various shapes and a range of camping trailers.
The tests showed that the ideal combination is a streamline vehicle with "K" rear and a new shape of caravan. Such a trailer was found to have a Cd of 0,25. The original "aesthetically streamlined" caravan had a Cd of nearly twice this value!
In 1927 an Englishman, Mr. Noel Pemberton-Billing, an employee of the Grammophon record company, decided the time was right to build a caravan of his own design. The vehicle, which he patented in the same year, was actually a motorised caravan. Its shape was that of an aerofoil section and turned out to have reasonable aerodynamic properties. For its time it was a truly revolutionary idea.
Unfortunately Mr. Pemberton-Billing's design was only thought out two-dimensionally. The sharp edges of his vehicle hindered the air flow as measurements on a model showed in the early thirties. A moderate Cd value of 0,44 was all that could be achieved.
Nevertheless his idea found a follower about ten years later in New Jersey, America. This design for a motorised caravan made use of an 8-

c_w von nur 0,25 konstruiert. Der zu Anfang gemessene, scheinbar so stromlinig aussehende Normal-Anhänger schlug mit fast dem doppelten Luftwiderstandsbeiwert zu Buche!
Schon 1927 erschien es Mr. Noel Pemberton-Billing, seines Zeichens britischer Staatsbürger und Mitarbeiter der Grammophon-Schallplattenfabrik, als opportun, sich für den Eigenbedarf ein Wohnmobil zu bauen. Dieser noch im selben Jahr patentierte Wagen war als selbstfahrender Campingwagen gedacht. Die äußere Linie entsprach etwa einem Flügelquerschnitt und hätte damit für eine gute Aerodynamik sorgen müssen, für einen Briten und das Jahr 1927 eine wahrlich revolutionäre Idee.
Mr. Pemberton-Billing hatte bei seiner Begeisterung für neumodisches Styling allerdings nur zweidimensional gedacht. Die kantigen Begrenzungen seines Camp-Mobils erwiesen sich als strömungshindernd, wie in den frühen dreißiger Jahren durchgeführte Modellmessungen seines Gefährtes zeigten, bei denen dem Modell nur der mäßige Luftwiderstandsbeiwert von $c_w = 0{,}44$ attestiert wurde.
Nichtsdestoweniger fand seine Idee fast zehn Jahre später einen Nachfolger. Das war der von einem Ford-Achtzylindermotor heckgetriebene Entwurf eines Amerikaners aus New Jersey. Den Zeichnungen nach zu urteilen, dürfte ein guter Luftwiderstandsbeiwert erreicht worden sein.
Erst heute, in den 80er Jahren, wird wieder intensiv über luftwiderstandssparende Wohnanhänger und Wohnmobile nachgedacht.

cylinder rear engined Ford chassis and, judging from the drawings, the vehicle must have had a reasonably low coefficient of drag.
Only now, in the eighties, is a great deal of attention being given to aerodynamically favourable camping trailers and camper vans.

1 Klassischer, zerklüfteter und eckiger Lastwagen-Aufbau der frühen 30er Jahre.

1 A classic truck body from the early thirties with its sharp edges and generally irregular contours.

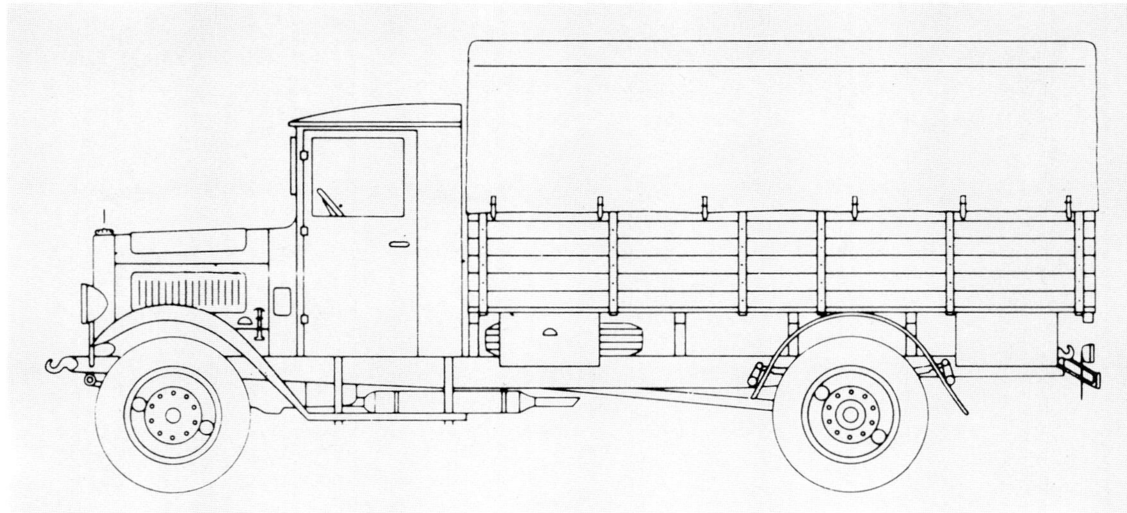

1

2 Vorne schon gerundet, hinten konsequent verkleidet: Entwurf von 1934.

2 Rounded in front, covered in the rear: design from 1934.

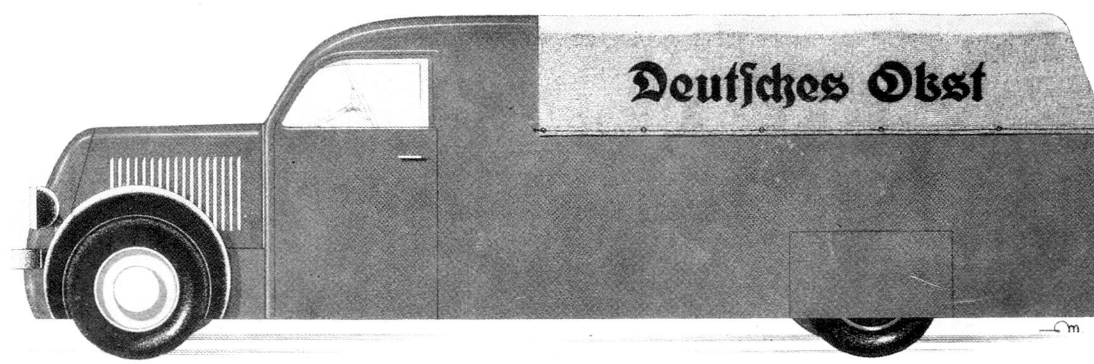

2

3 Das 1934 vorgestellte Hanomag-Unterflur-Fahrgestell, hier noch kastig karossiert ...

3 The Hanomag chassis with engine mounted between axles in the frame-here still with box-shaped body (1934) ...

3

4 ... und hier optimal aufgebaut. Der Wagen könnte in dieser Form durchaus ein Erzeugnis der 80er Jahre sein, stammt aber aus der »Deutschen Fahrzeugtechnik« von 1934.

4 ... and here with an optimal bodywork. In this shape the vehicle could easily have been a product of the 1980s, but is a design from "Deutsche Fahrzeugtechnik" of 1934.

4

5

5 Oskar Bergmann setzte sich zwar in bizarrer Form mit der Stromlinie auseinander, bei dieser Zeichnung von 1937 ist aber wohl zum erstenmal bei einem Nutzfahrzeug bewußt das »K«-Heck vorgeschlagen worden.
6 Ein achträdriger Frontlenker-Pritschenwagen von Faun (um 1938).
7 Hier der nach unten konsequent abgedeckte Trambus-Pritschenwagen, der durch eine passende Plane ergänzt, eine optimale Form ergäbe (um 1938).

5 Oskar Bergmann's concept of a streamline was bizarre, but this is probably the first conscious effort to incorporate a "K" rear in a commercial vehicle. Drawing from 1937.
6 An eight-wheeled lorry by Faun (around 1938).
7 A fully covered tram-type lorry which would have had an optimal shape, if a suitable tarpaulin had been added (around 1938).

6

7

8 Ackermann-Aufbau von 1966 mit guter Dachlinie.

8 Bodywork from Ackermann with a good shape of roof (1966).

9 Ein zweiter Ackermann, hier bemerkenswert durch die geschickt angebrachten Schmutzlappen an den vorderen Radausschnitten.

9 A second Ackermann, note the cleverly incorporated mudflaps on the front wheel arches.

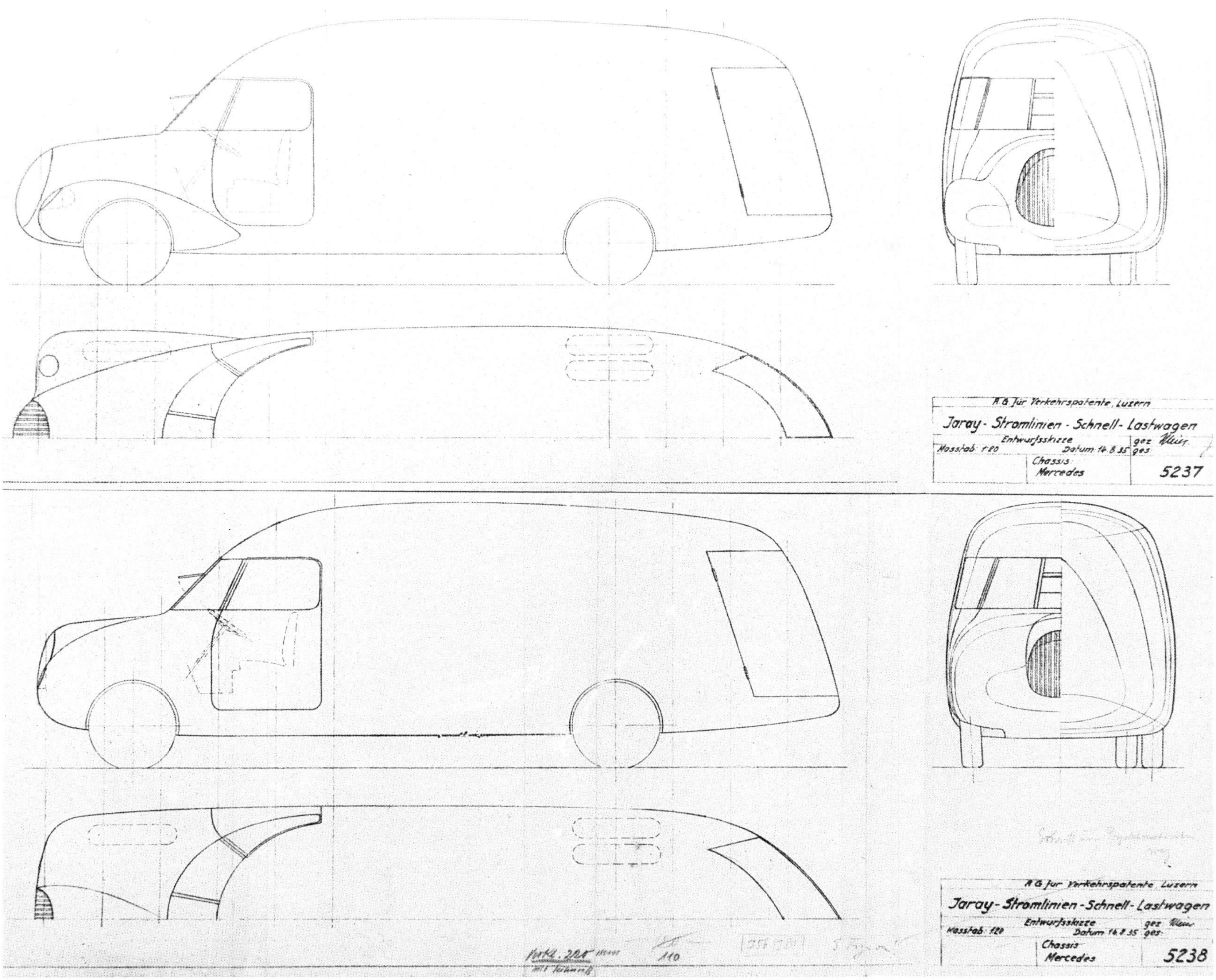

10

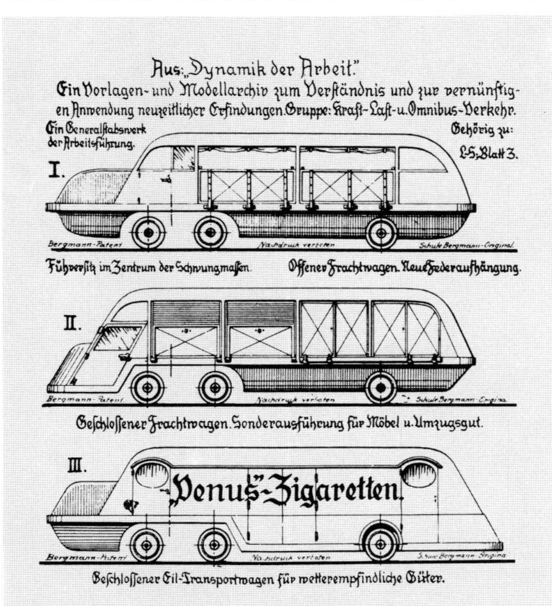

11

10 Schnell-Lastwagen von Jaray auf Mercedes-Chassis, 1935 entworfen, aber nie realisiert.
11 Aus dem gleichen Jahre: Oskar Bergmanns abnorme Vorschläge für Großlastwagen.
12 Dynamisch gesehen – der klassische Lastwagen der 30er Jahre.

10 Proposed high-speed trucks by Jaray, designed 1935, to be built on a Mercedes chassis. The designs were never realised.
11 From the same year: Oskar Bergmann's unconventional idea for large trucks.
12 A dynamic view – the classic truck of the thirties.

13 Ein stromliniges Gesicht – Magirus S 6500 von 1952.

13 A streamline front – Magirus S 6500 of 1952.

14

14 Magirus-Bus M 35 von 1936.

15 Dasselbe Gesicht trägt jetzt der neue Lastwagen von Magirus, 1952.

14 Magirus bus M 35 of 1936.

15 The new Magirus truck has the same appearance. 1952.

15

16 Bus-Anhänger in der Form der Großen gab es für mehr ...

16 Trailer for a bus in this shape was available for a large ...

17 ... oder weniger Fahrgäste.

17 ... or a small number of passengers.

18

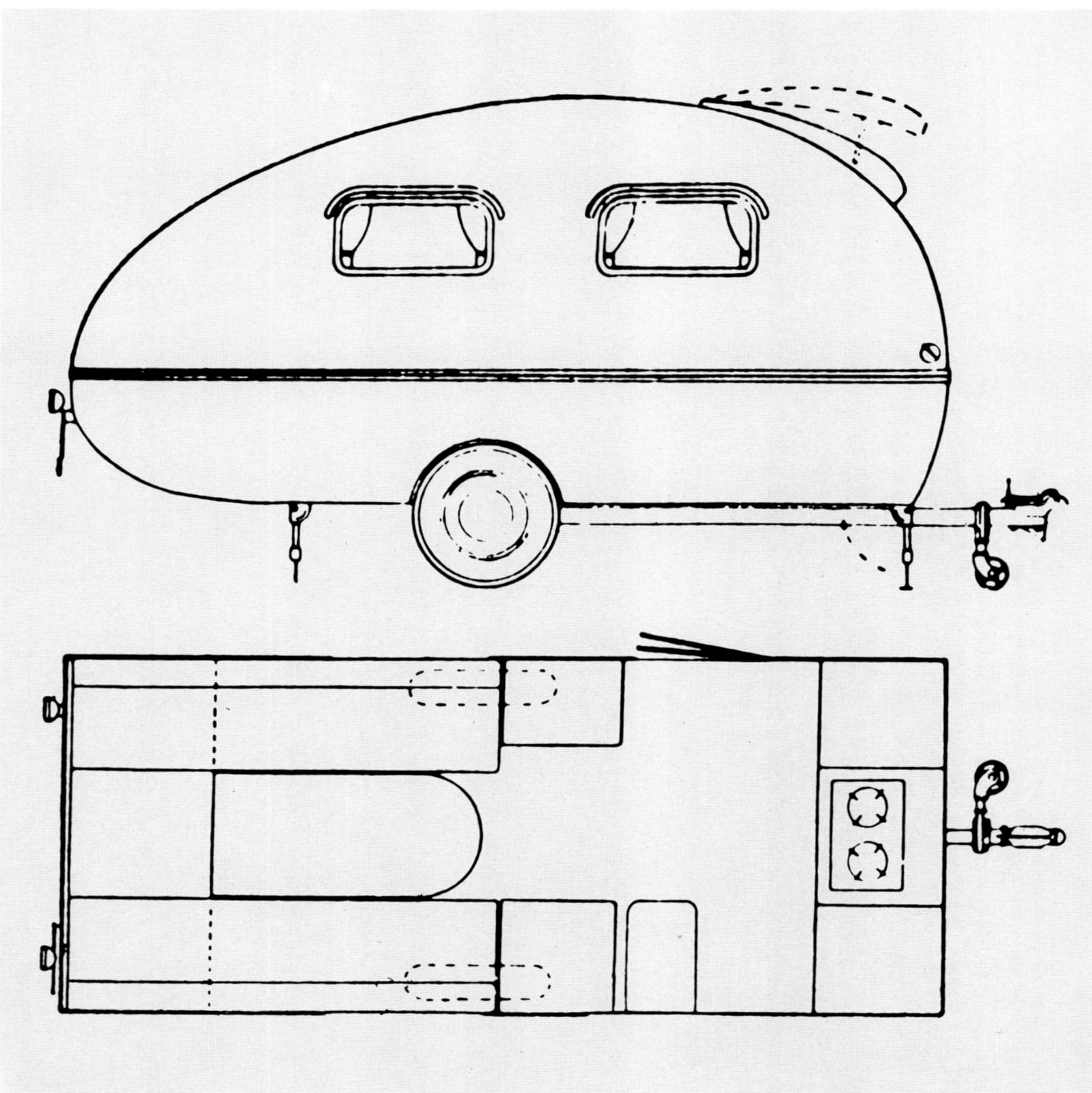

19

18 Der Wohnwagen-Anhänger, hier ein Vorschlag von 1937, benötigt bei diesen Außenmaßen einen LKW als Zugmaschine.

18 The camping trailer, a proposal from 1937 which, because of its size, required a truck as towing vehicle.

19 Üblich gestalteter Wohnwagen der 30er Jahre in Form eines stark verkürzten Tragflügels, $c_w = 0{,}47$.

19 Typical caravan of the thirties in the shape of a shortened aerofoil section. Cd = 0,47.

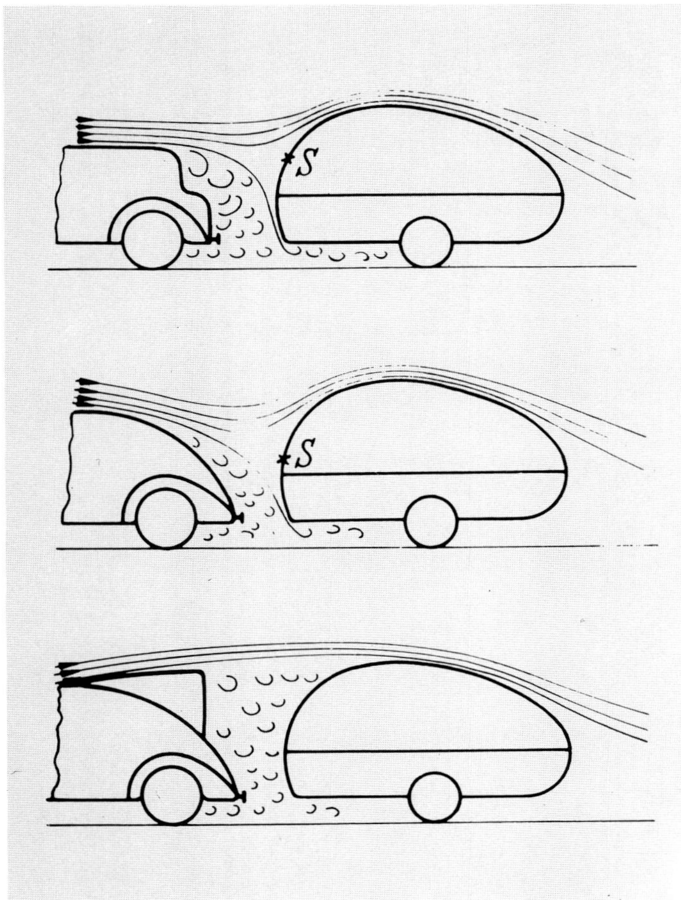

20

20 Schematischer Strömungsverlauf bei Verwendung verschiedener Zugwagen (S = Staupunkt).
21 Kastenförmiger Aufbau, dessen Luftwiderstandsbeiwert durch Abrundung der Kanten nur 0,46 beträgt.
22 Ein nach Windkanal-Untersuchungen entwickelter Wohnanhänger, dessen neue Form einen c_w von nur 0,25 ergibt. (S. auch S. 149).
23 Der Aufbau bestand aus zwei Holzfaserplatten ohne Traggerippe.
24 Luftwiderstand von 4 Anhängerzügen bei V = 100 km/h.

20 Schematic air-flow diagram using a range of towing vehicles (S = stagnation point).
21 Box-shaped trailer with a Cd of 0,46 after the corners had been rounded.
22 A new camping trailer developed in accordance with windtunnel research, which had a Cd of only 0,25. (See p. 149).
23 This body consisted of two hardboard sheets without a supporting frame.
24 Drag of four articulated trucks at V = 100 km/h.

24

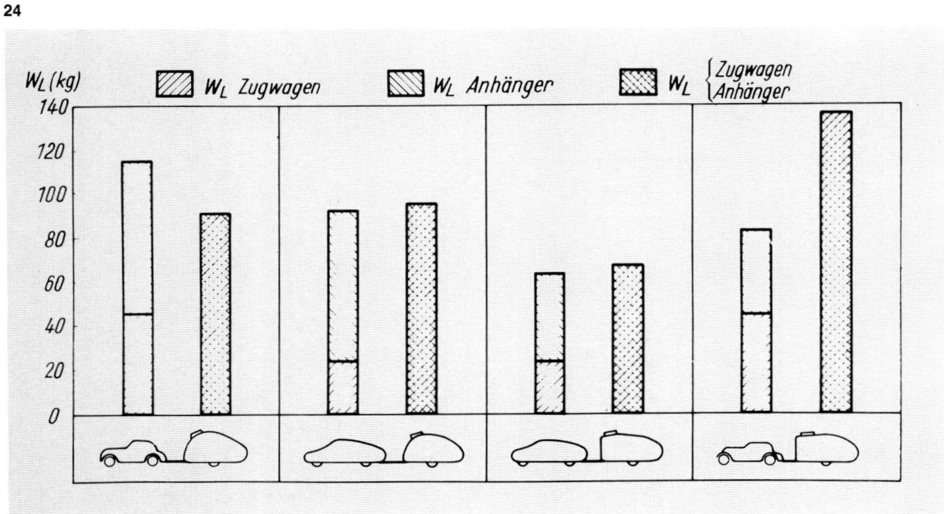

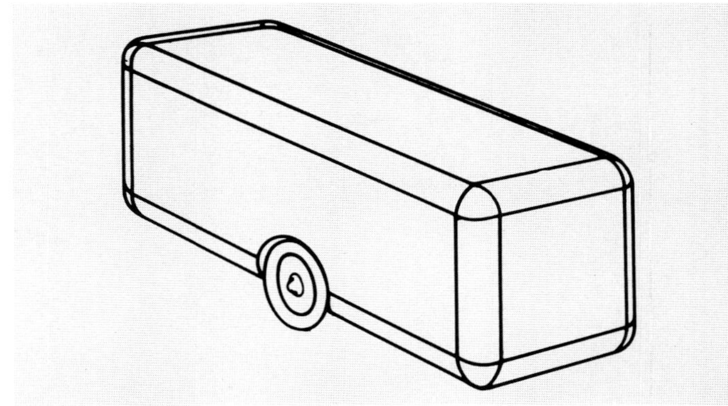

21

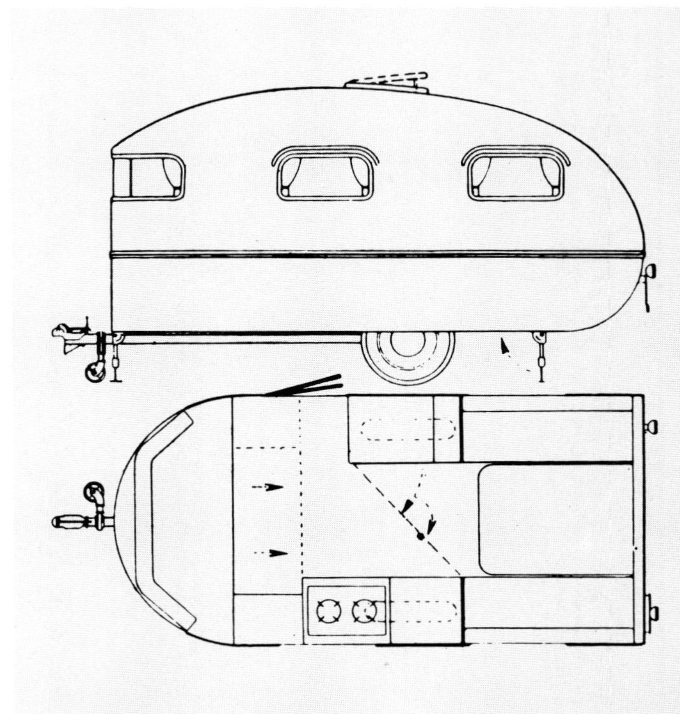

22

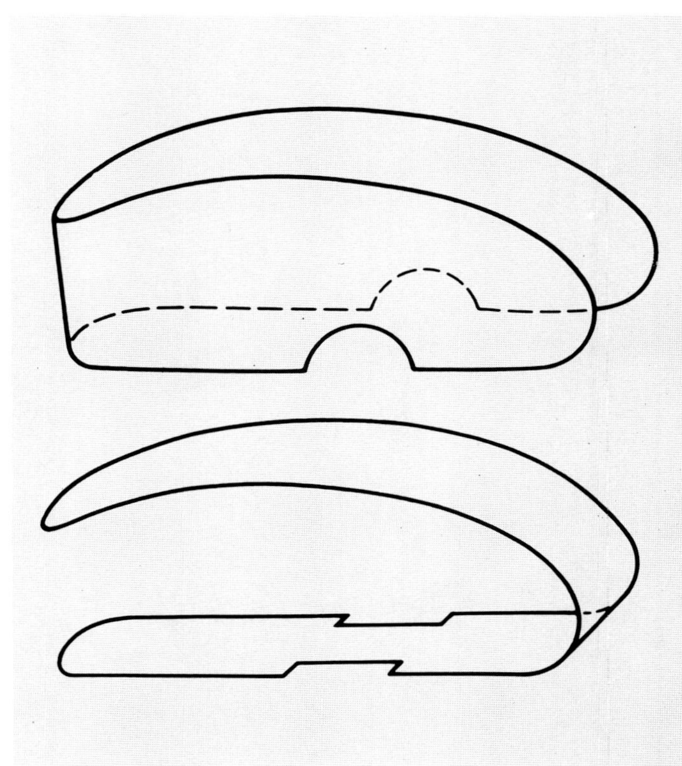

23

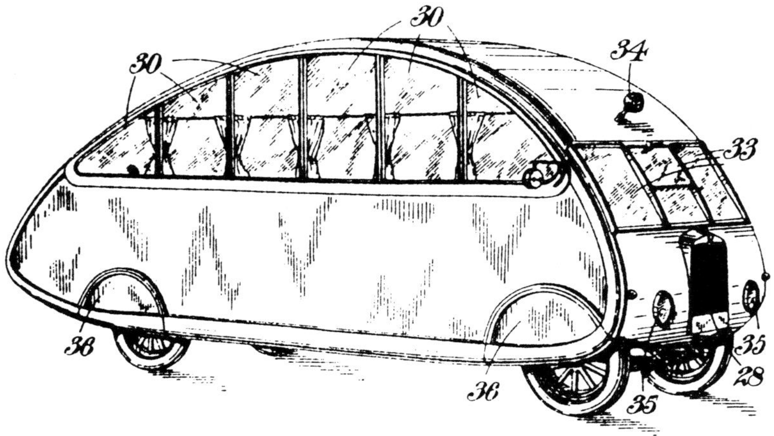

25

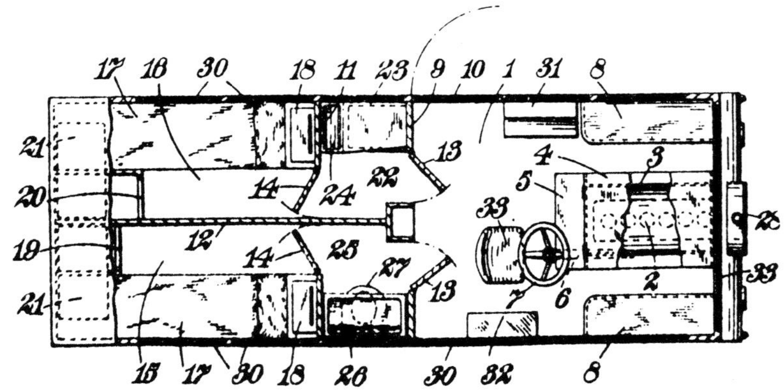

26

25, 26, 27 Wohnmobil des Briten Pemberton-Billing, wie es in der Patentschrift aussah …

25, 26, 27 The British Pemberton-Billing's camping vehicle as depicted in the patent …

27

28 . . . und hier der stolze Besitzer vor seinem Werk, 1927.
29 Mutter wäscht ab im Wohnmobil: E. Kochs Entwurf, wohl 1938.

28 . . . and here the proud owner in front of his masterpiece, 1927.
29 Mother washing up in the camping van. Design by E. Koch, around 1938.

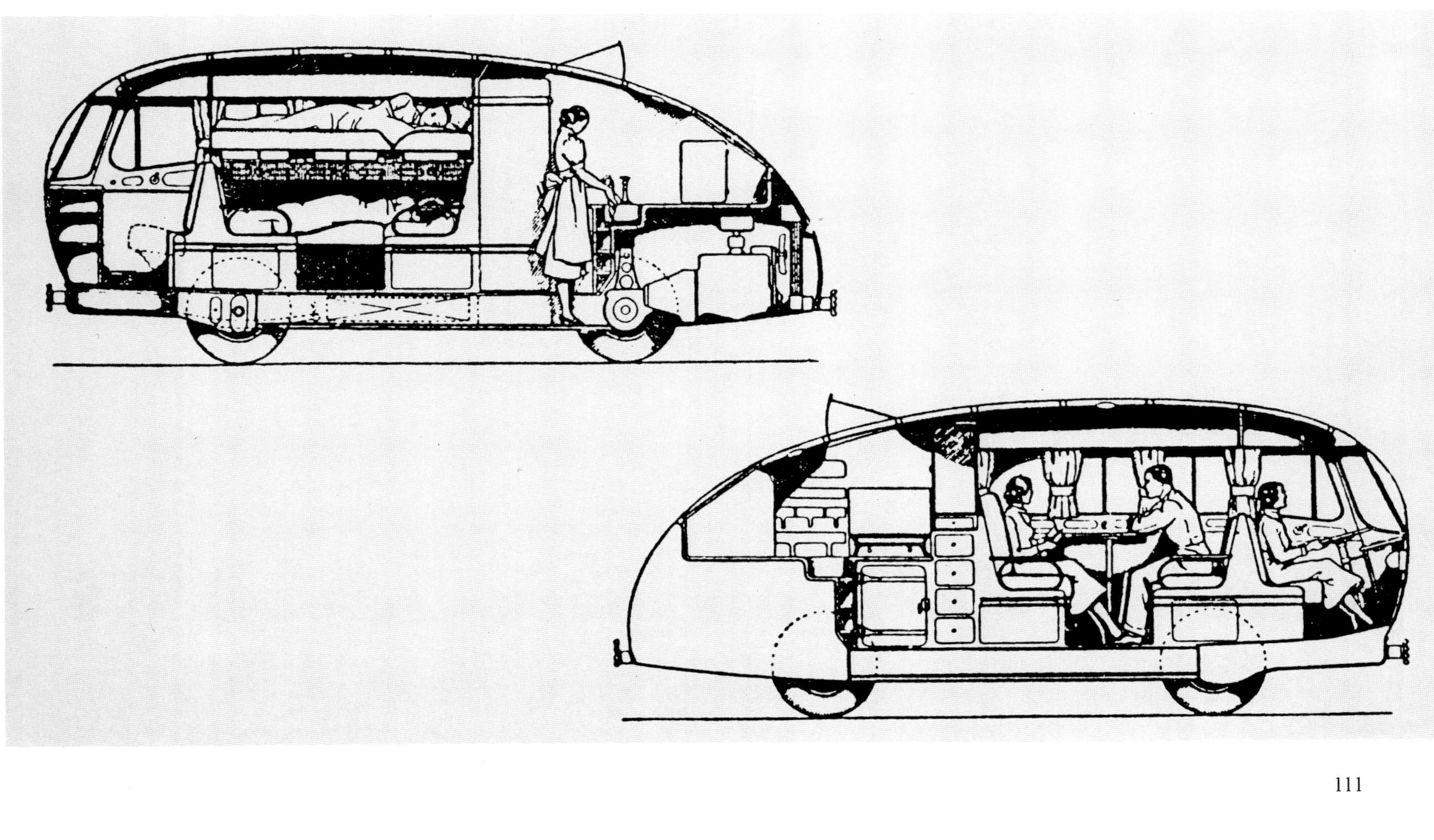

HUMBOLDT-DEUTZMOTOREN A·G

MAGIRUS WERKE ULM / DONAU

24 sitziger Reichsautobahn-Omnibus mit 100 PS-Daimler-Benz-Dieselmotor

WAGGONFABRIK TALBOT

G. M. B. H. **AACHEN**

Entwurfszeichnungen aus der französischen Fachzeitschrift »L'Auto Carrosserie«, 1935–1939 gezeichnet.

Design drawings from the French technical magazine »L'Auto Carrosserie« from between 1935 and 1939.

ENTWICKLUNGSSTUFEN DES TRAMBUSSES
DEVELOPMENT OF THE "TRAMBUSES"

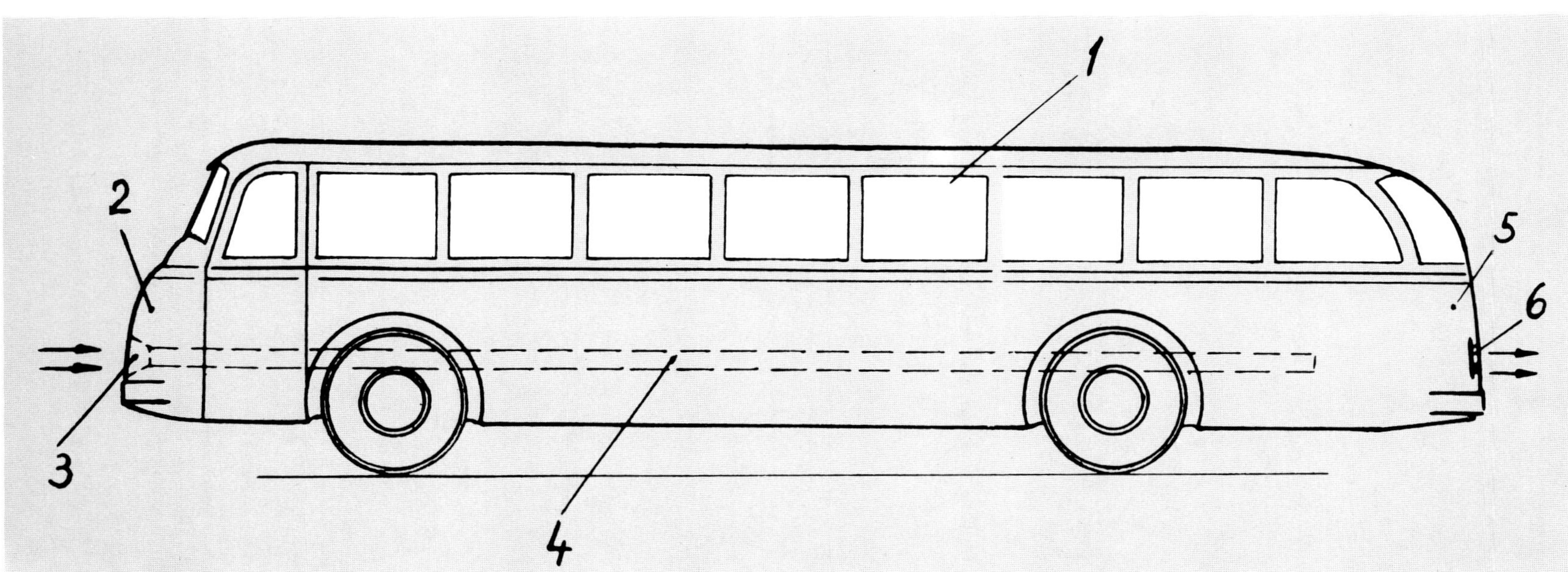

1 Der idealisierte Frontlenker-Bus, wie ihn Paul Jaray 1936 sah. Das korrekte »J«-Heck hätte zu einem immensen Raum-Verlust geführt.
2 Ein 1937er Jaray-Entwurf, der wahrscheinlich in dieser stark vereinfachten Form auch gebaut wurde. Die verkürzte Heckschräge bringt Platzgewinn, aber durch Ablösungserscheinungen einen c_w-Verlust.
3 Der typische Trambus-Aufbau der 50er Jahre, bei dem Front- und Heckpartie fast identisch konstruiert sind.

1 Paul Jaray's idealised bus from 1936. The correct "J" rear would have reduced the interior room considerably.
2 A 1937 Jaray design which was probably built in this simplified form. The more abrupt slope in the rear provided more space inside, but brought about earlier flow separation and an accompanying increase in drag.
3 The typical trambus body of the fifties with virtually identical front and rear ends.

FRONTPARTIEN · FRONT ENDS

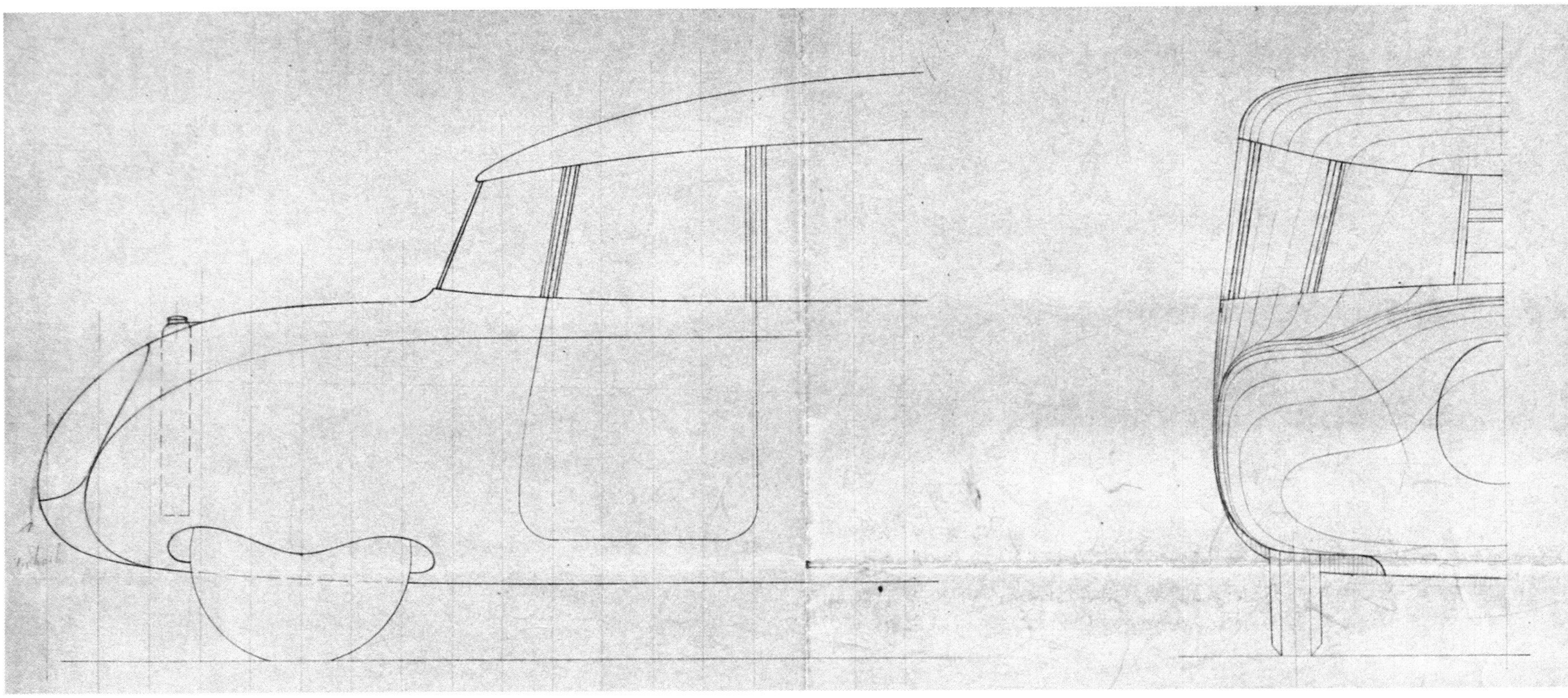

1

2

1 Bei dieser Jaray-Zeichnung für einen geplanten MAN-Bus (1935) fällt die typische steile Windschutzscheibe auf. Der Lufteinlaß für den Kühler ist üppig bemessen.
2 Diese Zeichnung von Koenig-Fachsenfeld für einen VOMAG-Eilreisebus (1938) ist schon wesentlich undogmatischer gehalten. Der kleinere Lufteinlaß hat eine elegantere Form, und die Linie der Windschutzscheibe läuft schon viel schräger.

1 Notable in this Jaray design for a planned MAN bus (1935) is the typical upright windscreen. The air-inlet for the radiator is on the large side.
2 Koenig-Fachsenfeld's drawing for a VOMAG express bus (1938) is not so dogmatic. The smaller air-inlet is more elegant and the slope of the windscreen increased.

STROMLINIENBUSSE IM AUSLAND
STREAMLINE BUSES OUTSIDE GERMANY

Deutschland dürfte zwar die Wiege stromlinienförmiger Schnell-Fahrzeuge gewesen sein, eine Isolationspolitik auf diesem Sektor betrieb es aber nicht, denn jedermann konnte sich auf der Internationalen Automobilausstellung in Berlin bis 1939 die benötigten Informationen beschaffen.
Französische und englische Nutzfahrzeug-Konstrukteure hatten schon früh die hinderliche Haube bei ihren Lastwagen oder Bus-Chassis abgeschafft; die Amerikaner nannten die entsprechende Konstruktion »Cab over engine« (also »Kabine über Maschine ...«).
Die strömungsgünstige Gestaltung wurde in diesen Ländern aber erst gegen Ende der 30er Jahre, wohl mehr aus modischem Empfinden, eingeführt, und, wie manche Bilder zeigen, auch nicht konsequent durchgearbeitet. Immerhin war das Straßen- und Verkehrswesen in diesen Ländern auch wesentlich anders gelagert wie bei uns.
Beim Studium alter Verkehrsfachzeitschriften stellt man mit Überraschung fest, daß doch eine Menge an aerodynamischen Detaillösungen in etlichen Ländern verwirklicht wurde. Unsere britischen Nachbarn transportierten nicht nur Sherries und Ports mit schnell aussehenden Lieferwagen zu ihren ehrenwerten Kunden, auch manche Busaufbauten zeigen schon mal hier und da ein Flößchen, eine elegante Abrundung oder dergleichen. Mit mehr »elan vital« gingen die Zeichner der französischen »L'Auto Carrosserie« ans Werk, die schon frühzeitig den rundlichen, neobarocken Formen Gewicht verliehen, wie uns ihre farbigen Entwurfszeichnungen zeigen.
Gebaut wurde mehr oder weniger konsequent, aber immer mit einem gewissen Chic einiges an rundlichen Frontlenkern, wobei sich viele, heute längst vergessene Marken wie z. B. Laffly oder Latil hervortaten.
Auch in Ländern wie Österreich, Schweden oder der Tschechoslowakei finden wir Ansätze strömungsgünstig gestalteter Busse und Lastwagen, wenn die Entwürfe auch manchmal »exotisch« aussahen wie bei der abgebildeten Patentzeichnung der Tatra-Werke. Einen horizontal auf dem Dach angeordneten Sternmotor zum Antrieb eines Busses zu nehmen, kommt uns heute doch arg unkonventionell vor, aber die Blütezeit der Stromlinienära ging in allen Ländern mit dem Kampf gegen verkrustetes Ingenieurdenken einher.
Einen horizontal über der Hinterachse angeordneten Sternmotor hatte auch der Amerikaner William B. Stout für seinen kleinbusartigen, kurznasigen »Scarab« vorgesehen, der um 1935 in mehreren Exemplaren verwirklicht wurde. Zwar wurde »nur« ein gewöhnlicher V8-Heckmotor eingesetzt, Stout konnte aber dieses sein Konzept in vergrößerter Form an den Bushersteller Gar Wood verkaufen, der bis 1936 einige 24sitzige Aufbauten in ähnlicher Linie wie beim »Scarab« realisierte.

Germany is generally considered to be the cradle of high-speed streamline vehicles. Developments in the field were never kept secret and, until 1939, any information on the subject could be obtained at the international automobile exhibition in Berlin.
French and English designers of commercial vehicles had been the first to do away with the obstructive bonnet concept on trucks and buses. The Americans termed this new construction "cab over engine".
Streamlining was only introduced towards the end of the thirties in these countries and then usually in a half-hearted manner and often purely as a matter of styling. It should be borne in mind that the road and traffic systems in these countries were quite different from that in Germany.
Looking at old traffic and transport magazines on transport systems, it is surprising to see how much thought was given to aerodynamic features in so many different countries. Our British neighbours not only used to supply sherry and port to distinguished customers in speedy looking trucks, but often built buses with the odd little fin or gracious rounding. Draughtsmen of the French "L'Auto Carrosserie" showed more "elan vital", favouring the rounded, neobaroque shapes as the colourful designs show.
A considerable number of well-rounded bonnetless vehicles were built but always with a little chic. Laffly or Latil excelled with such designs. Countries like Austria, Sweden or Czechoslovakia also show traces of streamlining in buses or trucks, some designs being rather "exotic" (see the patent drawing of Tatra). Even today a horizontally mounted radial engine on the roof sounds unconventional, but it should not be forgotten that the golden days of the streamline were a battle against conservative engineering.
The American William B. Stout also designed a stub-nosed minibus, his "Scarab", with a horizontally mounted radial engine over the rear axle. A number of these vehicles were actually built in 1935 but not with the radical engine idea – standard rear mounted V8 engines were used instead. A slightly larger version, capable of carrying 24 passengers, was also developed and a number were sold to the bus company Gar Wood until 1936.
In America stylist Alexis de Sahknoffsky designed several smoothly rounded bodies for the firm White Trucks in 1936, on standard type chassis with protruding radiators. Long-haul vehicles were also beautified with "streamlining" but, as with passenger cars in the US, fashion was the main consideration.
Paul Jaray's American licence company, the "Jaray Streamline Corporation (1931 to 1938) could not break into the market with its designs which generally lacked the originality of the European "J" vehicles as

In Amerika zeichnete Stylist Alexis de Sahknoffsky um 1936 für einige flüssig gehaltene Aufbauten der White-Lastwagen verantwortlich, wenn auch der übliche Kühler dem Stromliniengedanken Widerstand entgegen setzte. Auch Sattelschlepper wurden vereinzelt durch »streamlining« verschönt, aber diesen Konstruktionen allgemein war eine rein modische Seite, wie es auch bei Personenwagen in den Vereinigten Staaten zu beobachten war.
Die amerikanische Lizenzgesellschaft von Paul Jaray, die »Jaray-Streamline-Corporation« (1931–1938), hatte wenig Erfolg im Durchsetzen ihrer Entwürfe, denen die Originalität der europäischen »J«-Wagen ebenso fehlte wie geschickte Public-Relations-Arbeit. Lastwagen und Stromlinienbusse wurden wohl auf Anfrage als Zeichnung geliefert, von irgendwelchen danach gebauten Fahrzeugen wurde aber nichts bekannt. Überhaupt war ja die Kunst der Patentumgehung gegenüber den überall geltenden Jaray-Patenten für etliche Automobilhersteller offenbar zur Sache des Prinzips geworden.
Wesentlich originellere Bus-Ideen als Jaray hatte der Industrie-Designer Normal Bel Geddes, der sich schon 1932 den Entwurf eines zweistökkigen, flossenbewehrten Busses etwa in der Form eines Zeppelins schützen ließ. Sein Super-Transporter sollte zu allem Überfluß auch noch 4 Achsen bekommen.
Ebenso wie aus den Bel Geddeschen Personenwagen-Entwürfen wurde auch aus diesem Bus-Gedanken nichts.
Gegen Ende der 30er Jahre setzte sich in den USA für Busse eine nüchtern kalkulierte Zweckform durch, die einen kastenförmigen Grundaufbau ohne eigentliche Haube vorsah, bei der eine Anpassung an strömungsgünstige Formgestaltung aber mehr durch Radien an Front- und Heckpartie erfolgte, denn durch spektakuläre lange Stromlinienschwänze. Daß diese Form, nämlich einen Kasten schlichtweg nur korrekt abzurunden und konsequent auf der Oberfläche glatt zu halten, letztenendes die zukünftige Zweckform der 80er Jahre sein wird, war damals kaum abzusehen. Untersuchungen heutiger Aerodynamiker beweisen dieses aber.

well as Jaray's skilful public relations work. Drawings of trucks and buses were supplied on request, but no record can be found of any having been used. After all, the circumvention of Jaray's patents which had a worldwide coverage was a matter of principle for many automobile manufacturers.
Compared to Jaray, a much more original approach to bus streamlining was shown by designer Norman Bel Geddes. In 1932 he patented a design of a finned double-decker bus shaped somewhat like a Zeppelin. To top it all, he had mounted his super vehicle on four axles.
But, like the Bel Geddes passenger car designs, the bus concept never left the drawingboard stage.
Towards the end of the thirties the trend in the States was towards more practical utility designs. Bonnetless box-shaped vehicles with aerodynamically designed, simple roundings at the front and rear, replaced the spectacular fins and pointed tails. Nobody at this time would have foreseen that this shape, that is a plain box with correctly rounded edges and smooth sides, would be the shape found expedient in the eighties. Aerodynamicists of today have proved this to be so.

1

1 Citroen-Bus mit personenwagen-artiger Frontpartie, karossiert von G. Le Bastard.

1 Citroen bus with passenger vehicle type front section. Coachwork by G. Le Bastard.

2

2 Britischer Lieferwagen des Jahres 1935 im modischen Stromlinien-Look.

2 British delivery van from 1935 with fashionable streamline look.

3

3 Amerikanischer Tankwagen auf White-Chassis (1937) mit viel »Styling«. Im verlängerten Hinterkotflügel sind Gerätekästen eingebaut.
3 American tanker on White chassis (1937) with much "styling". Tool boxes were built into the extended rear fenders.

4 Holländischer Stromlinienbus auf Morris-Fahrgestell, 1935. Die Vorderpartie sieht noch etwas ungelenk gestaltet aus.
4 Dutch streamline bus on a Morris chassis, 1935. The front section is not particularly elegant.

4

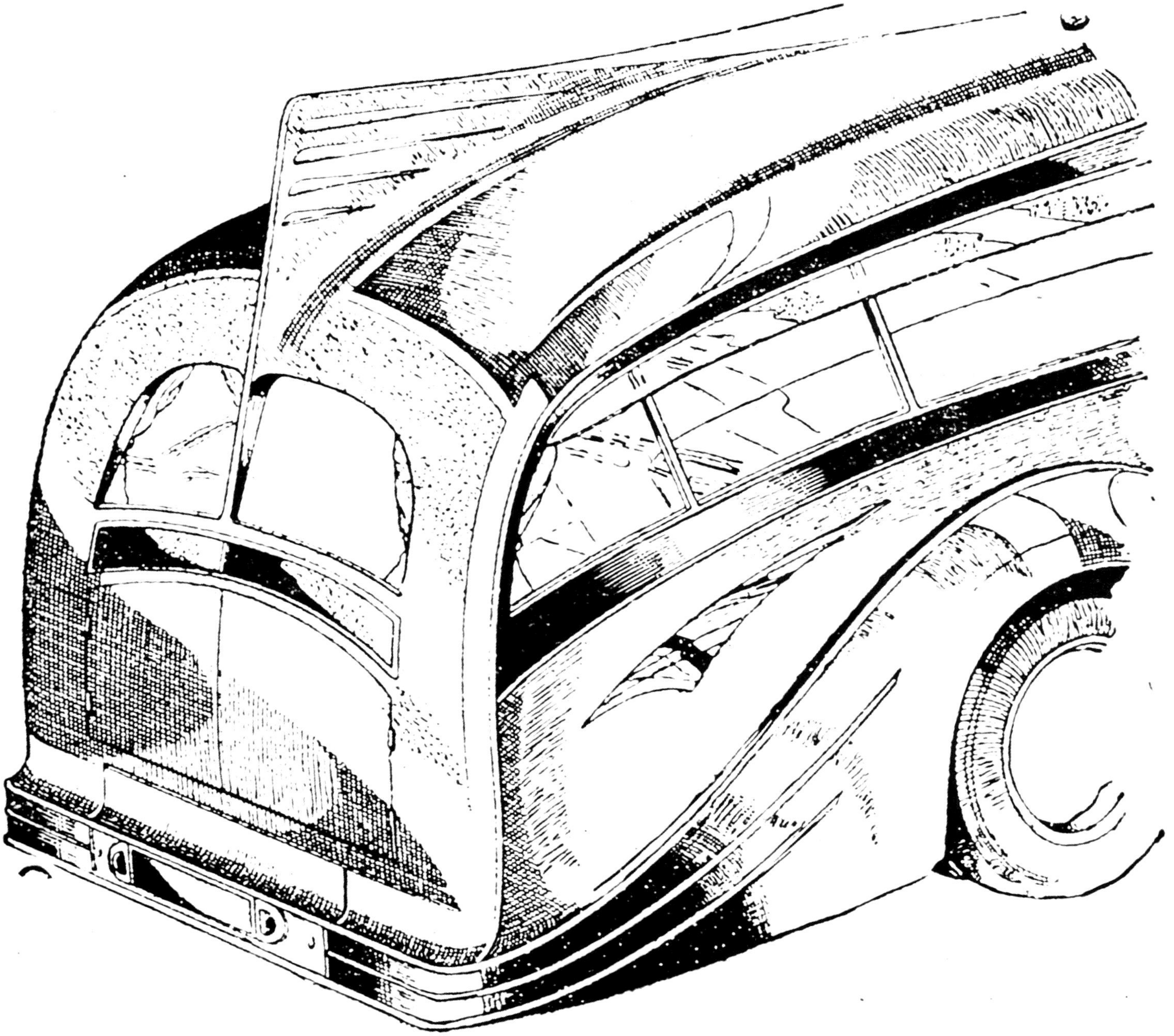

5 Ein kleines Heckflößchen setzten auch die britischen Omnibusbauer gern ein.

5 The British bus builders liked to add a small rear fin.

6

6, 7 Zwei weitere White-Modelle. Gestalter war Alexis de Sakhnoffsky.

6, 7 Another two White models designed by Alexis de Sakhnoffsky.

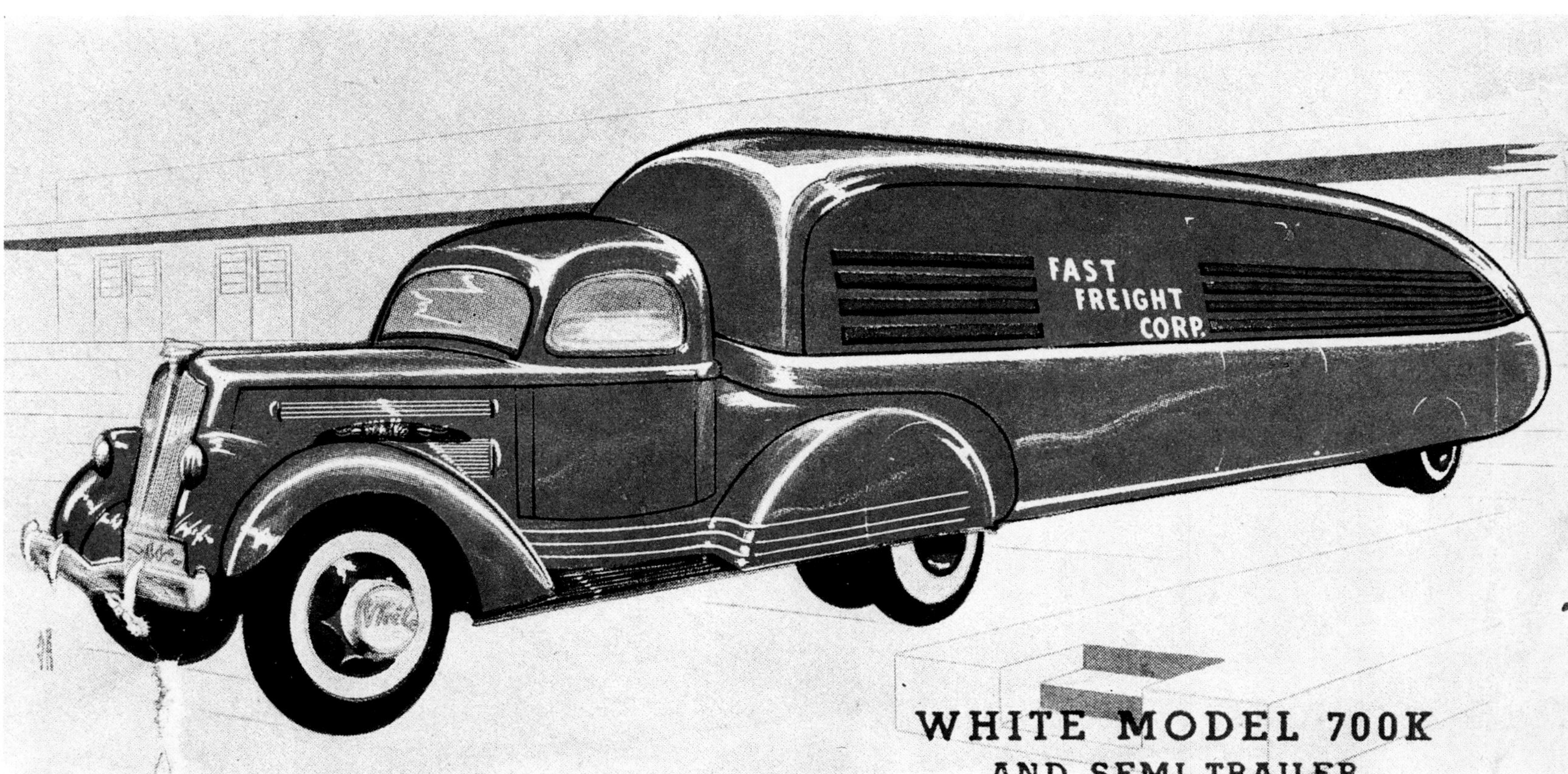

7

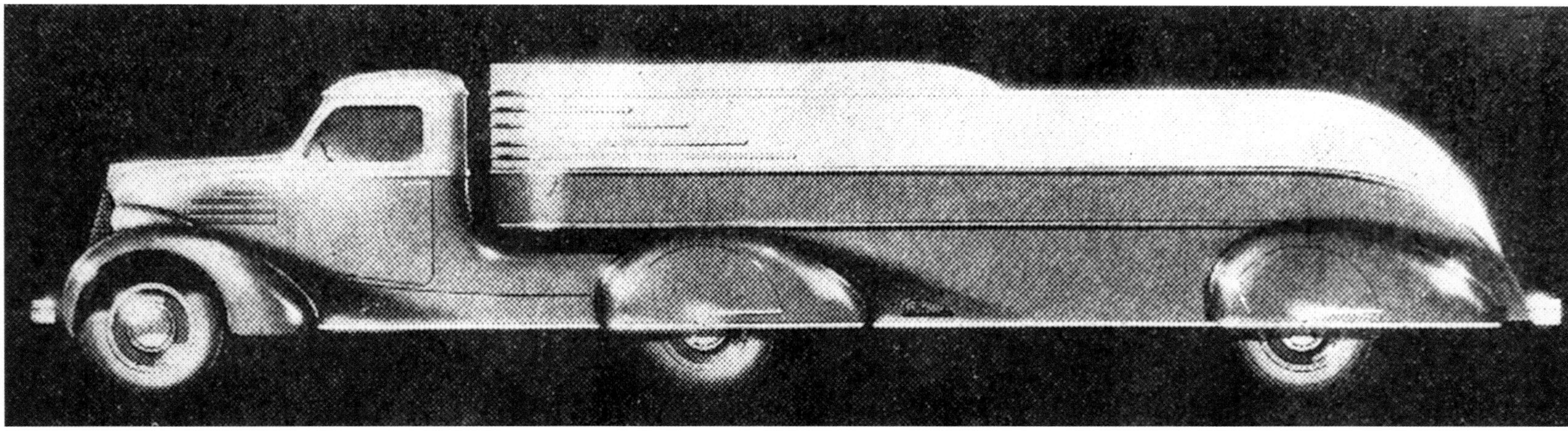

8 Ein kleiner Sattelschlepper in modischer Strom-Linie. Fruehauf Trailer Co., 1936.
9 Geschütztes Geschmacksmuster für einen Super-Bus: Norman Bel Geddes, 1932.

8 A small articulated truck in fashionable streamline shape. Fruehauf Trailer Co. 1936.
9 Design patent for a super bus: Norman Bel Geddes, 1932.

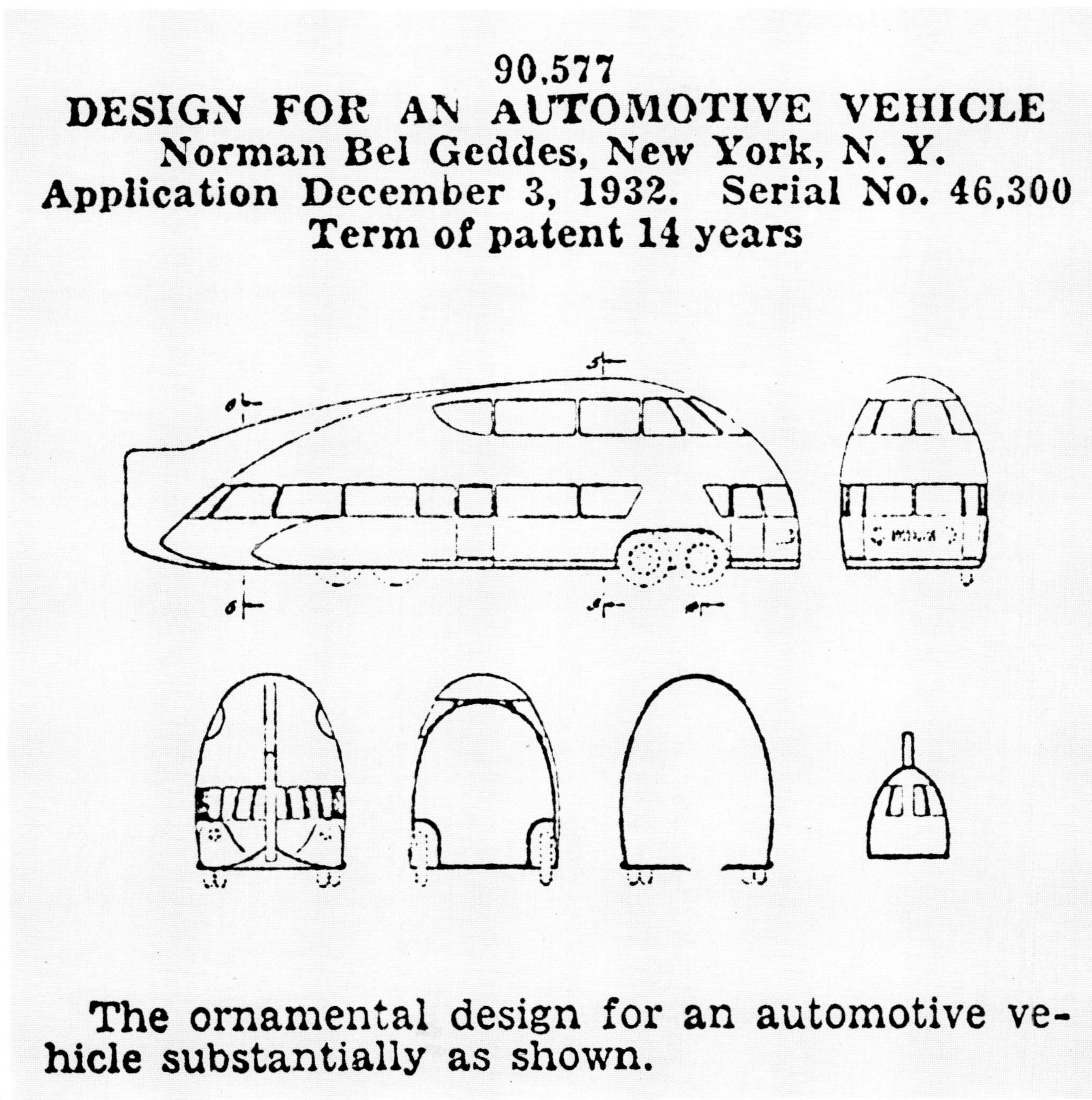

90,577
DESIGN FOR AN AUTOMOTIVE VEHICLE
Norman Bel Geddes, New York, N. Y.
Application December 3, 1932. Serial No. 46,300
Term of patent 14 years

The ornamental design for an automotive vehicle substantially as shown.

9

10

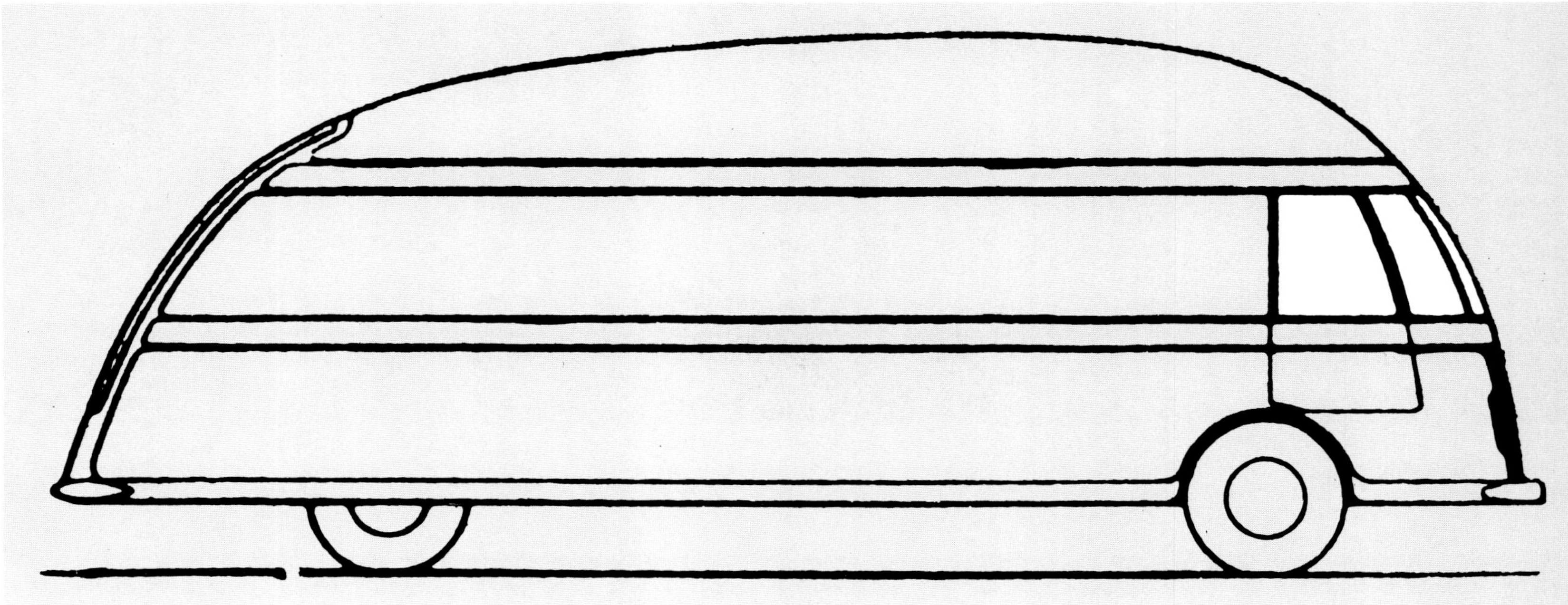

11

10 Ein Entwurf der Jaray Streamline Corp. – für den amerikanischen Markt gedachter Lastwagen, nie gebaut.
11 Schlichter Citroen-Bus mit Aluminium-Aufbau, ca. 1937.
12 Kleinanzeige der holländischen Karosseriefabrik Verheul aus den 30er Jahren. Chice Barock-Elemente über den Rädern machen den Bus dekorativer.

10 A design by the Jaray Streamline Corp. – was intended for the American market but never built.
11 Plain Citroen bus with aluminium body, about 1937.
12 Small advert from the thirties of the Dutch coachwork firm Verheul. The bus looks more decorative with the baroque touches over the wheels.

12

13

13 Amerikanischer Lieferwagen auf Ford-V8-Fahrgestell. Stahlaufbau mit Aluminium beplankt. Der modische Rammschutz des Jahres 1981 ist hier als gesickte, rundumlaufende Stahlblechschiene vorweggenommen. Baujahr: 1935. Karosseriebauer: General Body Co., Chicago.

13 American delivery van on Ford V8 chassis. Steel body covered with aluminium sheets. The bumper concept of 1981 has here been anticipated with an allround steel bumper rail. Built in 1935 by General Body Co., Chicago.

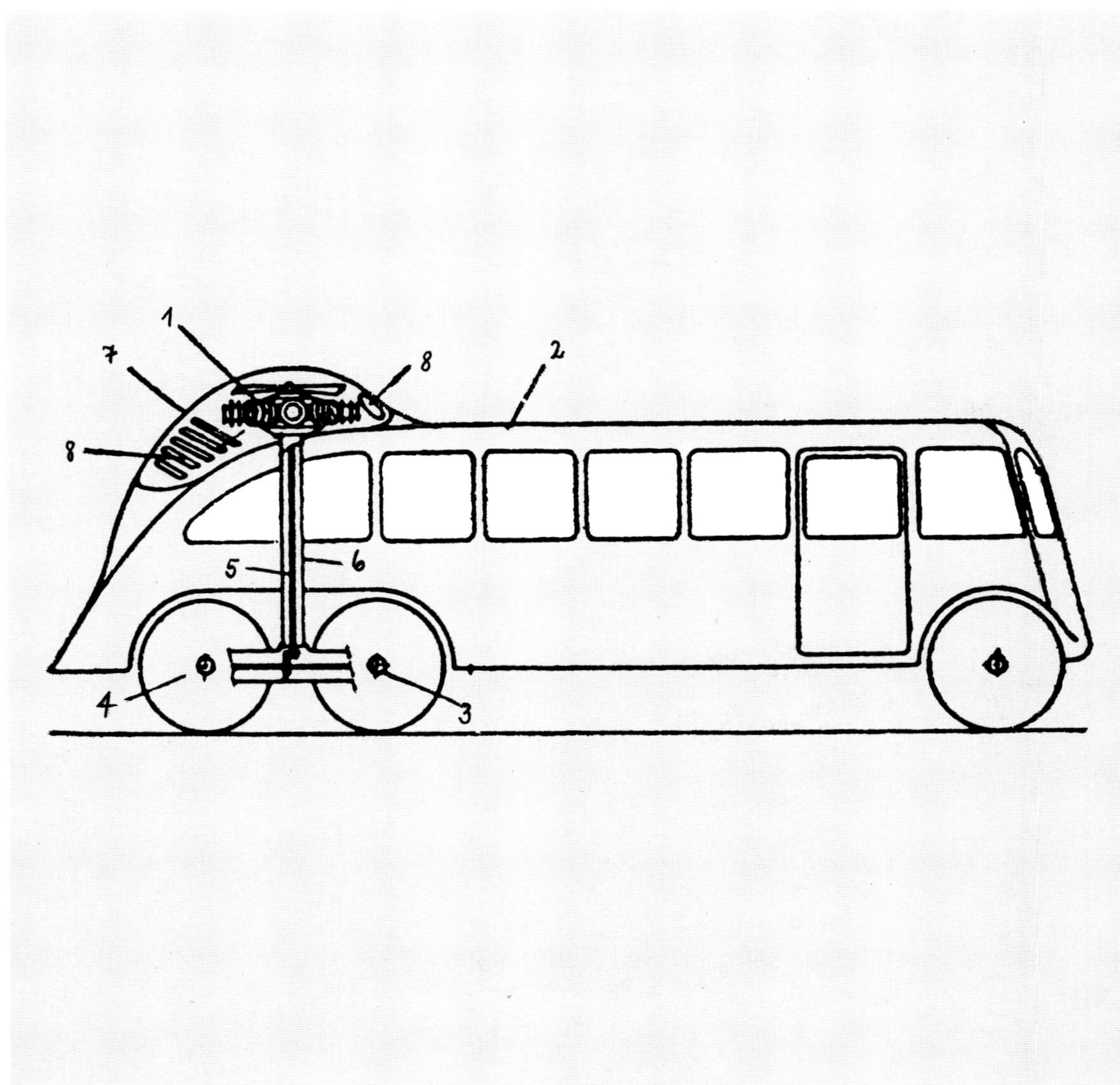

14

14 Patentzeichnung der frühen 30er Jahre für einen dreiachsigen Tatra-Bus mit horizontalem Sternmotor im Dach (DRP 679366).

14 Patent drawing from the early thirties of a 3-axle Tatra bus with horizontally mounted radial engine on the roof (DRP 679366).

Pl. 816 — Petit AUTOBUS sur châssis LAFFLY A.P.S.[3]

15

Pl. 819. AUTOBUS sur châssis LANCIA Omicron long

16

Pl. 839 — CAR 32 places sur châssis LATIL H4 B3

17

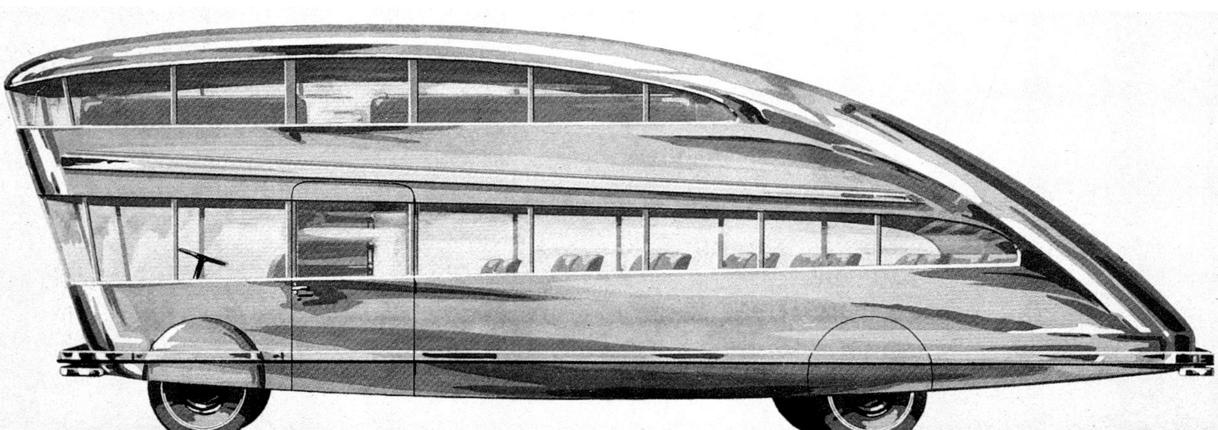

Pl. 803 — AUTOBUS à Impériale 50 places sur châssis DELAHAYE 119

18

15, 16, 17, 18 Autobus-Entwürfe der Jahre 1937 und 1938 aus der französischen Fachzeitschrift »L'Auto Carrosserie«. Wie man sieht, war die in den 60ern so modische Trapezlinie schon 1937 erfunden. Art decó-Bemalung für einen Bus war wohl nur in Frankreich möglich, wie der Lancia-Entwurf zeigt.

15, 16, 17, 18 Autobus designs from the years 1937 and 1938 published in the French technical magazine »L'Auto Carrosserie«. The trapeze-type styling fashionable during the sixties, was invented in 1937 already. Art decó motivs made paintwork complicated as shown in the Lancia design.

19 Als Schlußakkord der späten Stromlinienzeit stellte die italienische Nutzfahrzeugfabrik Viberti 1956 diesen wahrlich futuristischen Bus vor. Der »Golden Dolphin« sollte, angetrieben durch eine Gasturbine, eine Geschwindigkeit von 200 km/h erreichen. Die Karosserie bestand aus Kunststoff mit einem Oberteil aus polarisiertem Glas. Ein Serienbau erfolgte nicht.

19 As finale to the late streamline era the Italian commercial vehicle factory Viberti presented this futuristic bus in 1956. The "Golden Dolphin" was to be powered by a gas turbine and have a top speed of 200 km/h. The body was made of plastic and the roof of polarised glass. The vehicle did not go into production.

GIGANTOMANIE IM BUS-BAU
GIGANTISM IN BUS CONSTRUCTION

Auf der Internationalen Automobil-Ausstellung in Berlin wurden 1935 die ersten »Stromlinienbusse« gezeigt, Chassis-Hersteller waren Krupp, Daimler-Benz und Opel neben anderen.
Die Deutsche Reichsbahn bestellte mehrere dieser Fahrzeuge für ihren geplanten Regelverkehr auf den ersten Autobahnstrecken.
Um dem zu erwartenden Hochgeschwindigkeitsverkehr der nächsten Jahre gerecht zu werden, hatten einige Aussteller-Firmen Vorschläge erarbeitet.
Die Daimler-Benz AG zeigte ein Modell ihres »S«-Wagens. S stand hier – natürlich – für Schnellverkehr. Ein dreiachsiger, selbsttragender (!) Großraum-Wagenkasten von 16,35 m Länge sollte je einen Hilfsrahmen für Vorderräder und Lenkung bzw. für den Triebwerksblock enthalten. Dieser war als V12-Zylinder-Dieselmotor gedacht, dessen bescheidener Inhalt von 30,5 l eigentlich als Antrieb für Schienen-Triebwagen gedacht war.
Der im Heck angeordnete Motor sollte alternativ auch vorn eingebaut werden. Bei Raum für 32 Sitzplätze und – eine Toilette – hatten die Mercedes-Ingenieure ein Gesamtgewicht von ca. 15 Tonnen errechnet. Bei 300 bis 315 PS Leistung glaubten sie bei strömungsgünstiger Gestaltung eine Spitzengeschwindigkeit von ca. 150 km/h erreichen zu können. 100–110 km/h war als Reisegeschwindigkeit angegeben worden.
Ein Kraftstoffverbrauch von 50–55 l auf 100 km schien da nur angemessen!
Der alte Nutzfahrzeughersteller Büssing-NAG konnte auf seinem Stand mit einer dichtumlagerten Attraktion aufwarten, einem zweimotorigen Omnibus-Chassis für den Schnellverkehr.
Der vornliegende 6-Zylinder-Dieselmotor von 13,5 l Hubraum trieb mit seinen 140 PS die letzte der 3 Achsen an, während der (identische) Heckmotor die vorletzte Achse betrieb.
280 PS Gesamtleistung standen also zur Verfügung, mit deren Kraft man eine (bescheidenere) Höchstgeschwindigkeit von 120 km/h zu erreichen glaubte.
Bei Außenmaßen von »nur« 13,65 m Länge und wiederum 15 Tonnen Gesamtgewicht sollten immerhin 40–50 Personen befördert werden können. Der natürlich strömungsgünstig geplante Bus wurde vorab in Illustrationen bei seiner künftigen Fahrt auf der Autobahn gezeigt. Wie es hieß, stand der Karossier auch schon fest, der den Trambusaufbau herstellen sollte – Gebr. Ludewig in Essen.
Dieser brauchte aber nicht mehr bemüht zu werden, hatte doch die Deutsche Reichsbahn zu diesem Zeitpunkt noch kein Interesse an solchen Monstern.
Nur ein Jahr später, 1936, kamen die nächsten Riesen-Busse zum Zuge:

The first "streamline buses" were shown at the international automobile exhibition in Berlin in 1935. Amongst others the chassis used were those of Krupp, Daimler Benz and Opel. The German Railways ordered a number of these vehicles for its planned transport system on the first motorway routes.
Some exhibitors had worked out appropriate designs to meet the demands of future high-speed traffic. Daimler Benz AG exhibited a model of its "S" vehicle, "S" standing for "Schnellverkehr" (high-speed traffic). The three-axle vehicle with integral body was 16,35 m long and had a spacious interior. Front wheel steering and engine were mounted by means of auxiliary frames. The engine was to be a 30,5 l V 12 diesel engine which had actually been intended for a railway vehicle.
The rear engine could also be mounted in the front. The engineers at Mercedes had calculated that the 32-seater with toilet would weigh 15 tons. A streamline body and 300 to 315 hp output were to give the vehicle a top speed of 150 km/h – 100 to 110 km/h were cited as the touring average speed.
It is no surprise that the expected consumption was to be 50 to 55 l per 100 km.
Büssing-NAG, the well-known commercial vehicle manufacturer put a twin-engine omnibus chassis on its stand which attracted much attention. One centrally mounted 6-cylinder 140 hp diesel engine with 13,5 l capacity drove the rearmost of the three axles, while an identical rear mounted engine drove the central axle. A total output of 280 hp was thus available which was to propel the vehicle to the (modest) speed of 120 km/h. 40 to 50 passengers were to be transported in the 15 ton vehicle in a length of "only" 13,65 m. The chassis was naturally to receive a streamline body and this was portrayed in illustrations of projected future tours on the motorways. The coachwork firm that was to build the body was also named – Gebr. Ludewig from Essen. This firm was never approached though, as the German Railways showed little interest in such "monstrosities".
Only one year later the next giant bus came to the fore: Henschel exhibited a three-axle chassis with a flat, 12-cylinder engine of 31 litres capacity and 300 hp output. By placing the driver over the engine, which was mounted beneath the floor, a better utilisation of space was achieved. The 12-cylinder chassis in its construction and length indicates its suitability for the motorway, its top speed is given as 125 km/h, which is quite feasible with correct gearing and a suitable body shape. The bus had a length of "only" 12,68 m. Surprisingly, it never acquired a body, may be the honourable councillors who represented the German Railways took fright in the face of such German grandeur.

Henschel zeigte ein Dreiachser-Fahrgestell, dessen Motor als Boxertriebwerk mit 12 Zylindern ausgebildet war.

31 Liter Hubraum sollten 300 PS erzeugen. Der Fahrersitz war über den Unterflurmotor gesetzt, wodurch eine günstige Raumausnutzung möglich wurde. »Das 12-Zylinder-Fahrgestell läßt schon durch seine Konstruktion und Länge die zukünftige Verwendung auf Reichsautobahnen erkennen; es soll als Autobus eine Geschwindigkeit von 125 km/Std. erreichen, was durch den Einbau von Hochganggetrieben und entsprechende Formgebung des Aufbaus durchaus möglich ist.« Dieser geplante Bus hatte »nur noch« eine Gesamtlänge von 12,68 m. Dieses Fahrzeug wurde erstaunlicherweise nie bis zur Karossierung gebracht, vielleicht erschraken ehrwürdige Reichsbahnoberräte als Vertreter des Kunden Deutsche Reichsbahn-Gesellschaft vor soviel deutscher Größe?!

Die Krönung des Autobahn-Kultes dürfte ohne Zweifel der auf eine Gesamtlänge von 16,5 m ausgelegte »Kontinent-Expreß« der alten vogtländischen Nutzfahrzeug-Firma VOMAG sein.

Das seit 1935 entwickelte, 1936 auf der Autoausstellung gezeigte Chassis-Modell war mit zwei Vorder- und zwei Hinterachsen üppig bestückt. Vorne war Doppellenkung vorgesehen. Der 12-Zylinder-Boxermotor im Heck sollte eine Leistung von 350 PS erbringen, wobei ihm das mit Druckluft geschaltete »Mylius«-Vorwählgetriebe half. Eine autobahngerechte Karosserieform war den Aufbauzeichnungen zu entnehmen. Natürlich durfte hierbei die obligate Heckflosse, das modische Erkennungszeichen der Stromlinie, nicht fehlen.

Dieser für etwa 50 Personen gedachte Super-Bus hätte dank seiner beiden je 400 l fassenden Kraftstoffbehälter große Fernstrecken überwinden können. Ein zweiter Aufbau mit einer großen Ladetür in Wagenmitte war für den Schnellgutverkehr über weite Strecken gedacht. 10 Tonnen Ladung konnten dabei maximal befördert werden. Die eher bescheidene Höchstgeschwindigkeit von 120 km/h war für einen Durchschnitt von 100 Kilometern in der Stunde gut.

Im Jahre 1935 konnte Paul Jaray, Altmeister aller Aerodynamiker, naturgemäß nicht nur Lizenzanfragen beantworten.

Einige Bushersteller ließen sich von Eugen Meier, dem technischen Zeichner der Jarayschen Patentverwertungsgesellschaft AVP, im Jahre der Autobahn-Euphorie auch gleich komplette Aufrisse für strömungsgünstige Busaufbauten entwerfen, die, von den guten Wünschen Jarays begleitet, auf die Reise nach Deutschland geschickt wurden, ihrer Kompromißlosigkeit halber aber bei den Entscheidungsgremien nicht angenommen wurden. Man machte sich bei den Herstellern seine Gigantos lieber selber.

Auch Jaray hatte an vierachsige, triebwagenähnliche Gebilde gedacht, welche die neuen Autobahnen im Schnellverkehr durcheilen sollten. Wie wir heute wissen, wurde nur ein einziger seiner Busentwürfe ausgeführt, das war der aufsehenerregende Uerdingen-Bus, 1936 in Berlin ausgestellt. In ähnlicher Optik wie die vorgeschlagenen 4-Achser ließ sich Hans Ledwinka, Chefkonstrukteur der tschechischen Tatra-Werke, 1934 einen Triebwagen entwerfen, der für die Verwendung auf einheimischen Schienenstrecken tatsächlich in kleiner Serie produziert wurde.

Beenden wollen wir unseren Ausflug in die Welt der schnellen Großtransporter mit einem 1935 zur Debatte gestellten Sattelschlepper-Entwurf aus dem Hause C. D. Magirus.

Dieser kombinierte Schlaf- und Sitzwagen sollte mit einer Länge von 18,5 m zu den Riesen der Straße gehören, wenn er gebaut worden wäre. Bemerkenswert an der Zeichnung ist die doch weitgehend durchgehaltene strömungsgünstige Linie. Zwei Motoren von je 120 PS, nebeneinander unter der Motorhaube untergebracht, hätten das Fahrzeug auf eine Spitzengeschwindigkeit von 120 km/h beschleunigen sollen. Die Karosseriefirma Karl Kässbohrer in Ulm stellte einen ähnlich konzipierten Sattelschlepper im Jahre 1938 den Fachbesuchern der IAMA Berlin vor. Genau 100 Personen konnten befördert werden. Auf die modischen Rundungen für die Schnellfahrt hatte man aber dankend verzichtet ...

The motorway cult was crowned by the "Kontinent Express" built by the commercial vehicle firm VOMAG, with a total overall length of 16,5 m.

The chassis was exhibited in 1936 and had two front and two rear axles, the front two using a double-steering system. The flat 12-cylinder engine was to have an output of 350 hp and was coupled to a Mylius preselection gearbox (pneumatic operation). The body would have been ideally suited for motorway use. It included an obligatory rear fin – the fashionable streamline emblem had to be present.

This super 50-seater bus with its two 400 l tanks would have had a big range. A second body was designed for it with a large central loading door for the transport of goods. It could have carried a payload of 10 tons. The modest top speed of 120 km/h would have given it an average of about 100 km/h.

Paul Jaray, master aerodynamicist, was not only approached for licences in 1935. Some bus manufacturers asked Eugen Meier, the technical draughtsman of Jaray's patent company AVP, for complete drawings of streamline bodies. Paul Jaray sent these to Germany with his sanctioning, but none were ever accepted because of his uncompromising attitude. The manufacturers decided to build their own giants instead. Jaray had also considered four-axle commercial vehicles for the motorways. We know today that only one of his designs for a bus was actually constructed, the Uerdingen bus, which excited much attention at the 1936 exhibition in Berlin. Hans Ledwinka, head designer at Tatra in Czechoslovakia requested a similar looking railway vehicle in 1934 which was built on a small scale for local (rail) transport.

We would like to end our treatise on the high-speed giant transport vehicles with a design for an articulated truck, presented by C. D. Magirus in 1935.

The vehicle had both seating and sleeping facilities and with its length of 18,5 m was to be one of the giants of the road when it was built. Notable is the overall streamline shape of the design. Two 120 hp engines situated side by side beneath the bonnet were to have given the vehicle a top speed of 120 km/h. The coachwork firm Karl Kässbohrer of Ulm presented a similar articulated truck at the IAMA in Berlin in 1938, capable of transporting 100 people. The fashionable roundings customarily added for high speeds had not been incorporated however.

1

1 Mercedes-»S«-Wagen für 32 Sitzplätze und 150 km/h Spitze, 1935. Nur als Modell gebaut.

1 Mercedes "S" vehicle from 1935 with 32 seats and a top speed of 150 km/h. Only a model was built.

2 Das zweimotorige Büssing-NAG-Fahrgestell war der Anziehungspunkt auf der Internationalen Automobil-Ausstellung in Berlin 1935.

2 This twin-engined Büssing-NAG chassis was the centre of attraction at the international automobile exhibition of Berlin in 1935.

2

3 Und so sah ihn der zeitgenössische Illustrator: Büssing NAG GDo auf der neuen Reichsautobahn dahineilend.

3 And this is how an illustrator saw it: Büssing-NAG GDo speeding along the new motorway.

4 Grund- und Aufriß des geplanten Zweimotor-Busses.

4 Plan and elevation of the planned twin-engine bus.

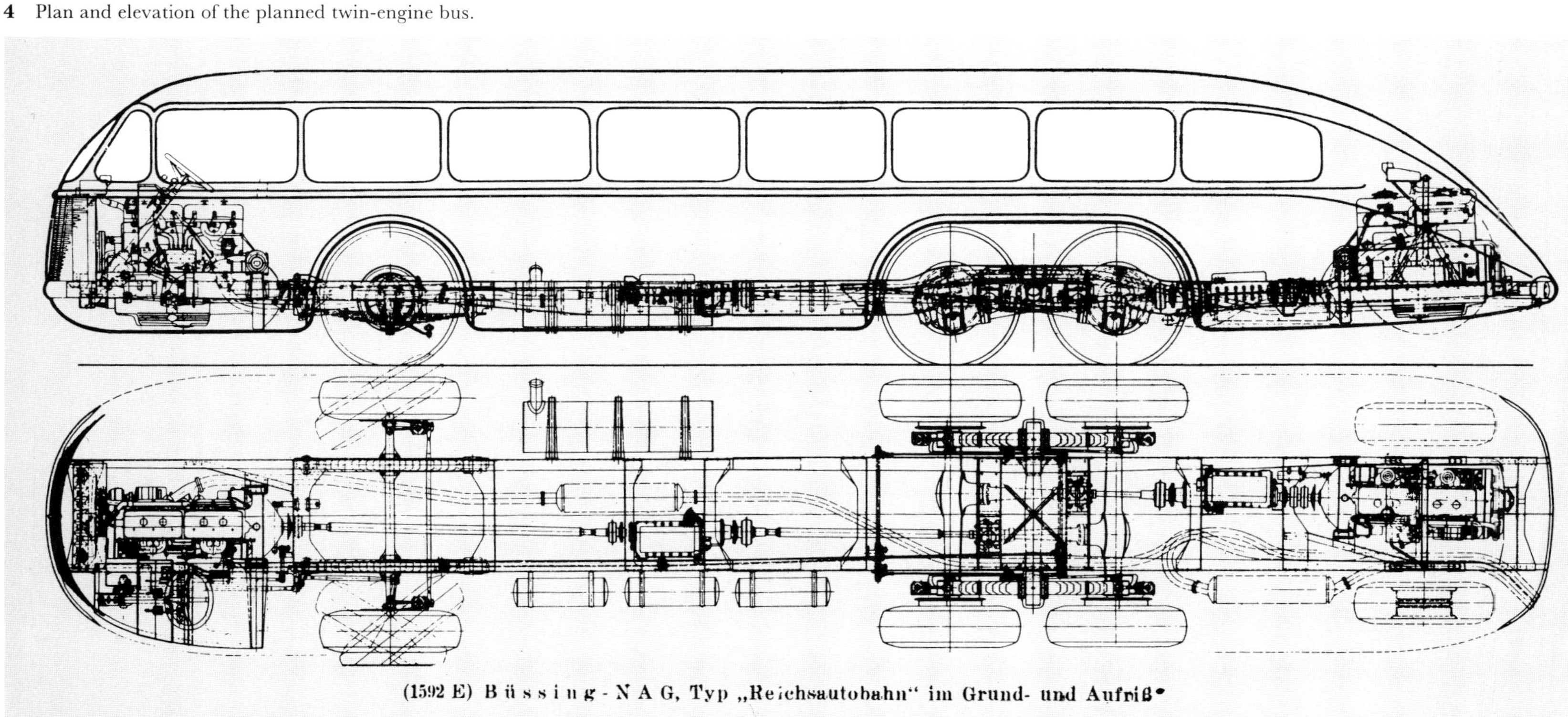

5

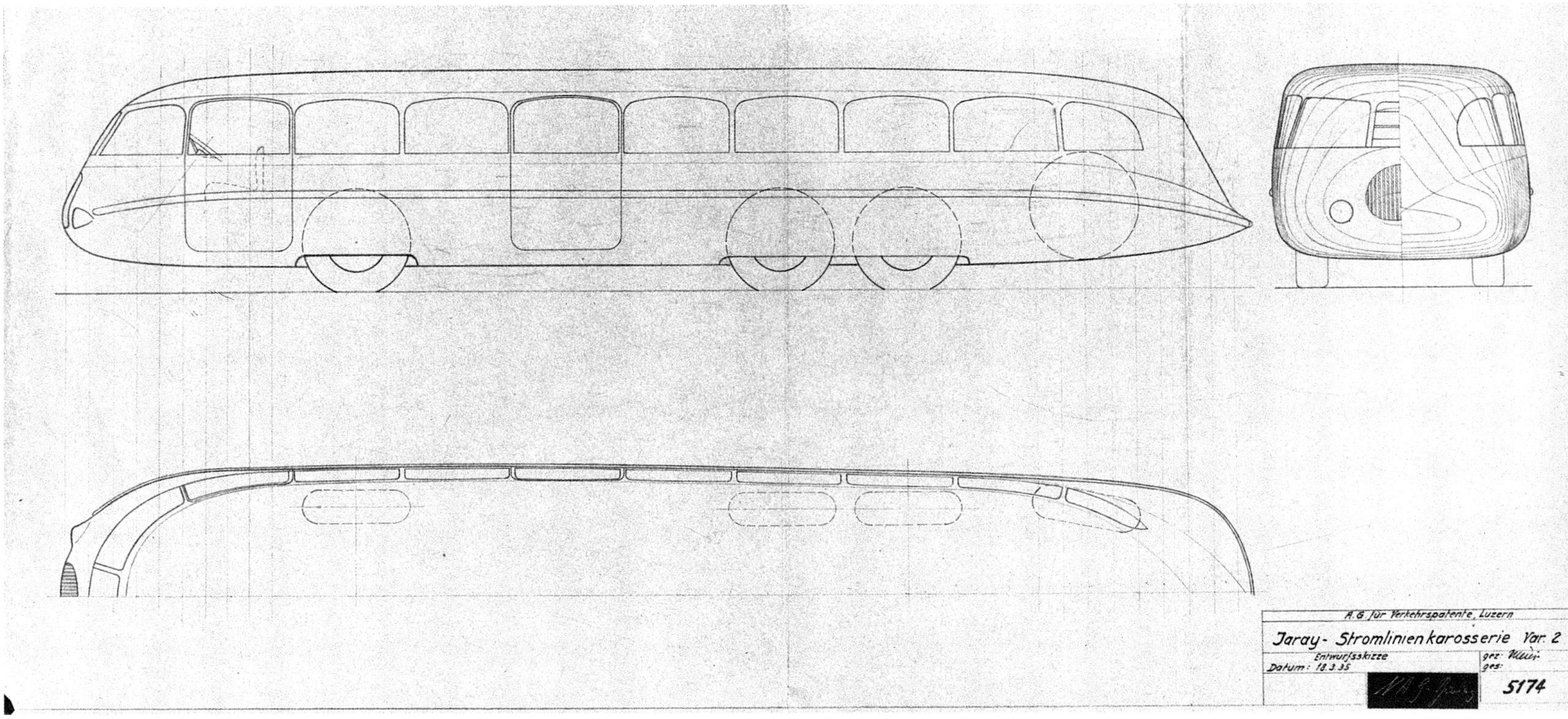

5 Ein Karosserieentwurf für den gleichen Dreiachser aus der Sicht von Paul Jaray, 1935.

5 A body for the same 3-axle bus designed by Paul Jaray in 1935.

6 Henschel-Dreiachs-Omnibus von 1936.

6 Henschel 3-axle bus of 1936.

6

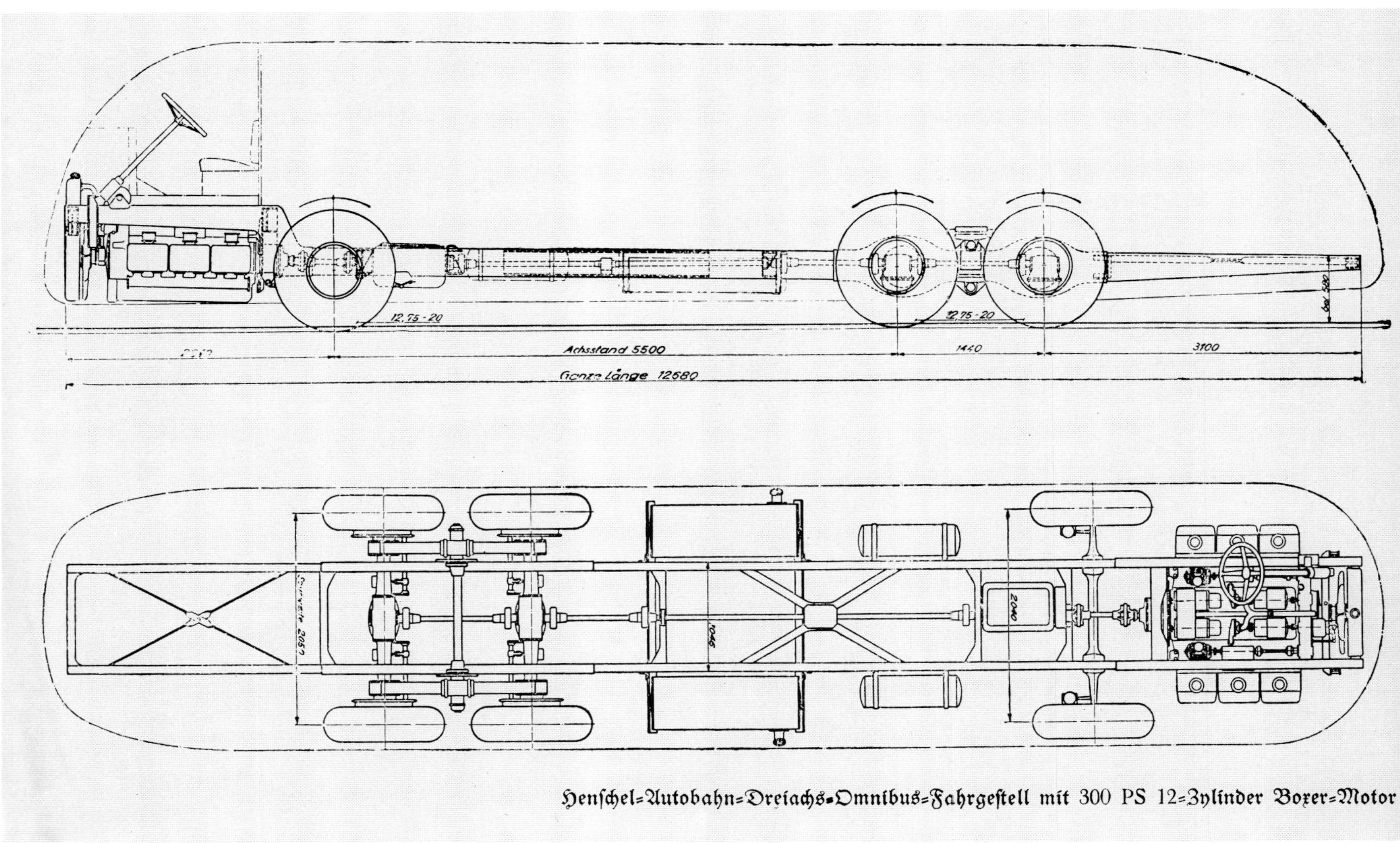

8

7 Der 12-Zylinder-Boxermotor entwickelte 300 PS.
8 Der Bus wurde nicht gebaut, aber dieser kleinere Henschel-Bus erblickte tatsächlich um 1935/36 das Licht der Welt: Eine attraktive Frontpartie …
9 … endete in einer banalen Seitenlinie. Karosserie Rupflin, München. Vermutlich von Albert Heidemann entworfen.

7 The 12-cylinder horizontally opposed engine had an output of 300 hp.
8 The bus was not built, but this small Henschel bus came into existence in 1935/36. An attractive front section …
9 … ended in a plain side. Body by Rupflin, Munich. Presumably designed by Albert Heidemann.

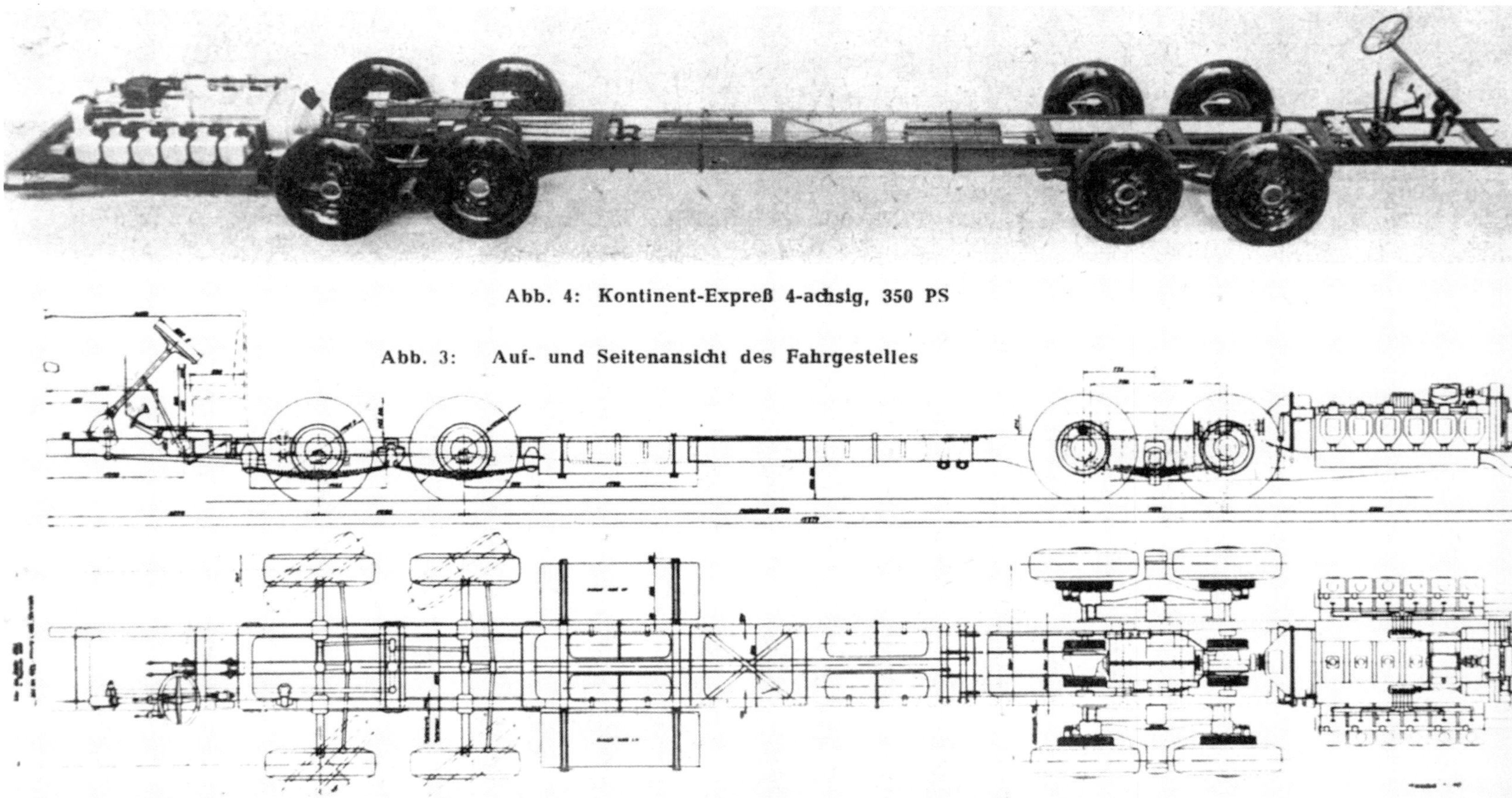

10

10 Fahrgestell eines 4-Achser-Heckbusses, 1935/36 von der Nutzfahrzeugfabrik VOMAG, Plauen im Vogtland, entwickelt. Auch hier findet sich ein 12-Zylinder-Boxermotor.

10 Chassis of a 4-axle rear engine bus developed by the firm VOMAG of Plauen in the Vogtland 1935/36. Also with 12-cylinder horizontally opposed engine.

11

11, 12 Karosserieentwurf als Autobahnbus und für den Schnellgüterverkehr.

11, 12 Design of a body for a motorway bus and express goods transportation.

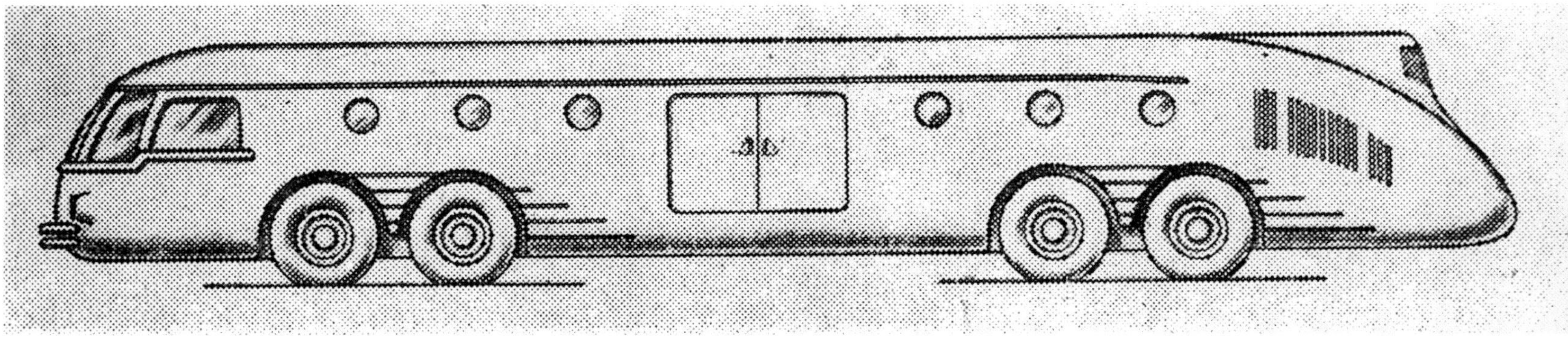

12

Entwurfszeichnungen aus der französischen Fachzeitschrift »L'Auto Carrosserie«, 1935–1939 gezeichnet.

Design drawings from the French technical magazine "L'Auto Carrosserie" from between 1935 and 1939.

Ein amerikanischer »Streamliner«, fotografiert in Canada von Erik Eckermann.

An American “streamliner” photographed by Erik Eckermann in Canada.

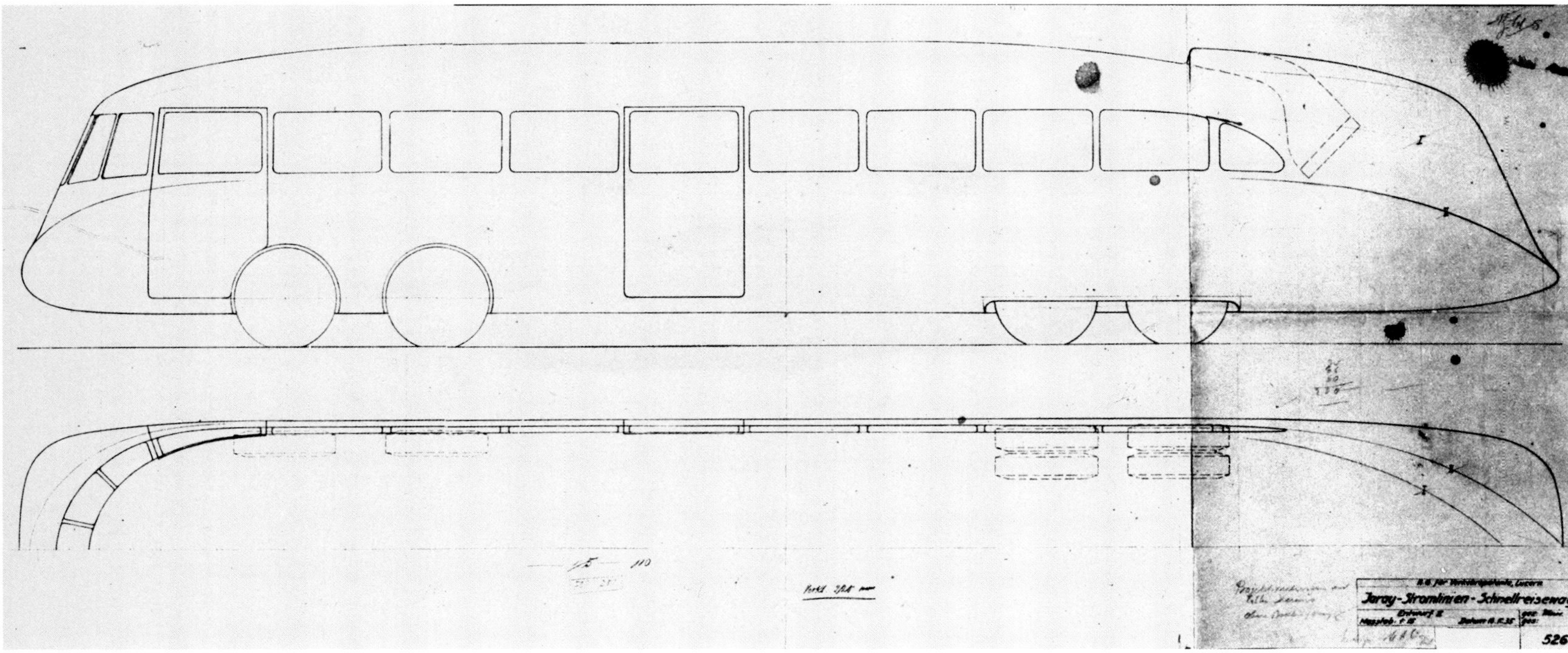

13

13 4achsiger Schnellreisewagen von Jaray mit großem Luftfangtrichter für den Heckmotor. Nur Projekt (1935).
14 Exzentrik eines Karosseriegestalters: Neugotische Autobahntransporter von Oskar Bergmann, Berlin. Um 1935.
15 Autobahn-Sattelschlepper der C. D. Magirus AG, Ulm, 1935 als Entwurf gezeigt. Für Fernfahrten waren Schlaf- und Waschgelegenheiten vorgesehen. Nur Projekt.

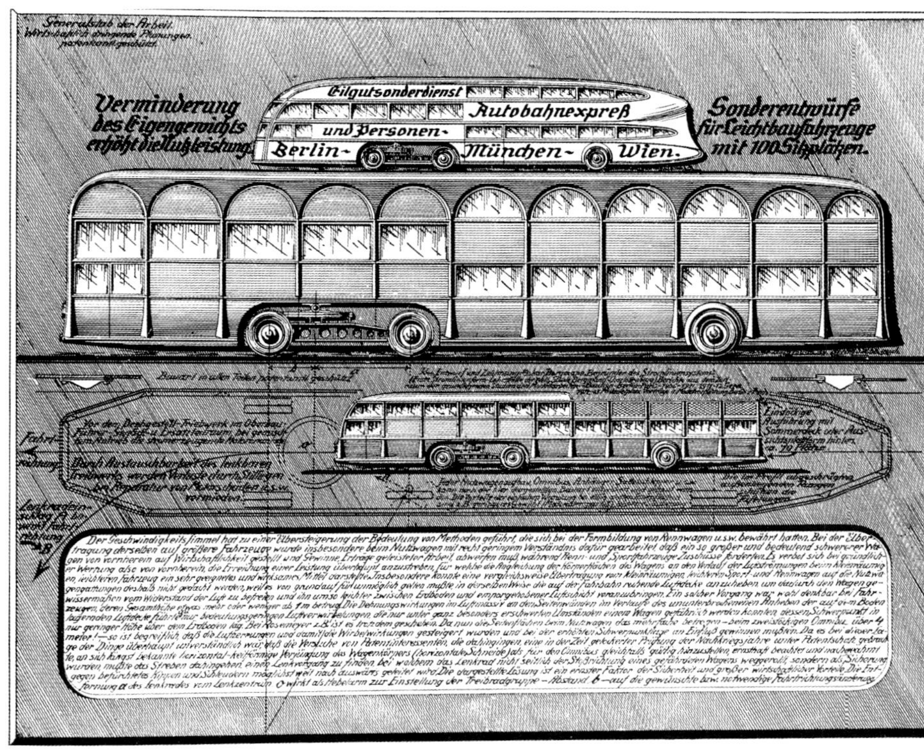

14

13 4-axle express travel vehicle by Jaray with a large air scoop for the rear engine. Just an exercise (1935).
14 Eccentricities from a coachwork designer: Neo Gothic motorway vehicle by Oskar Bergmann of Berlin. Around 1935.
15 Motorway tractor-trailer of C. D. Magirus AG, Ulm. A design published in 1935. For long distance trips sleeping and washing facilities were to be provided. Just a design exercise.

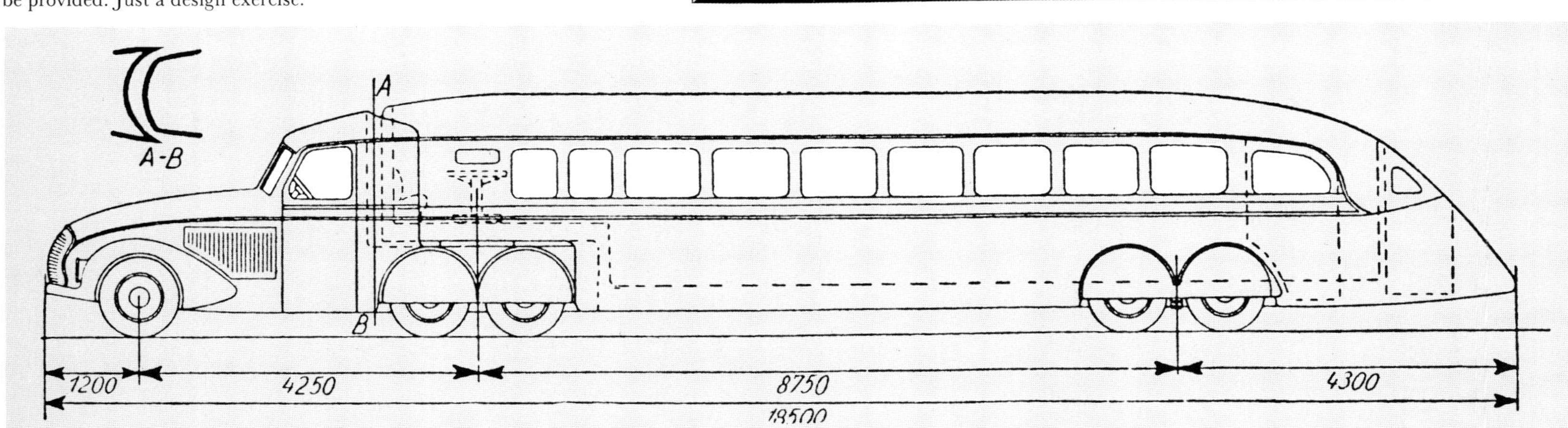

15

STATI

VOITURES ET CAMIONS EN CIRCULATION

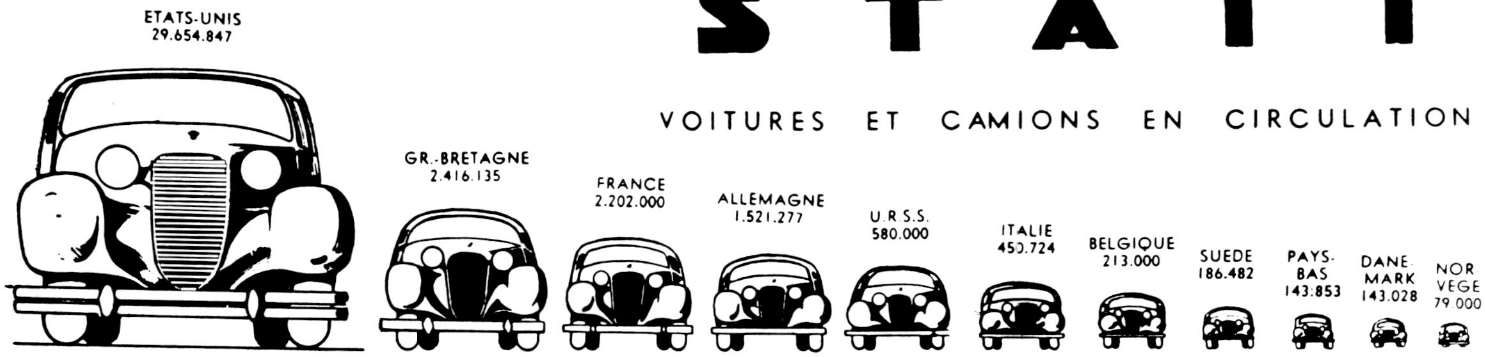

PRODUCTION

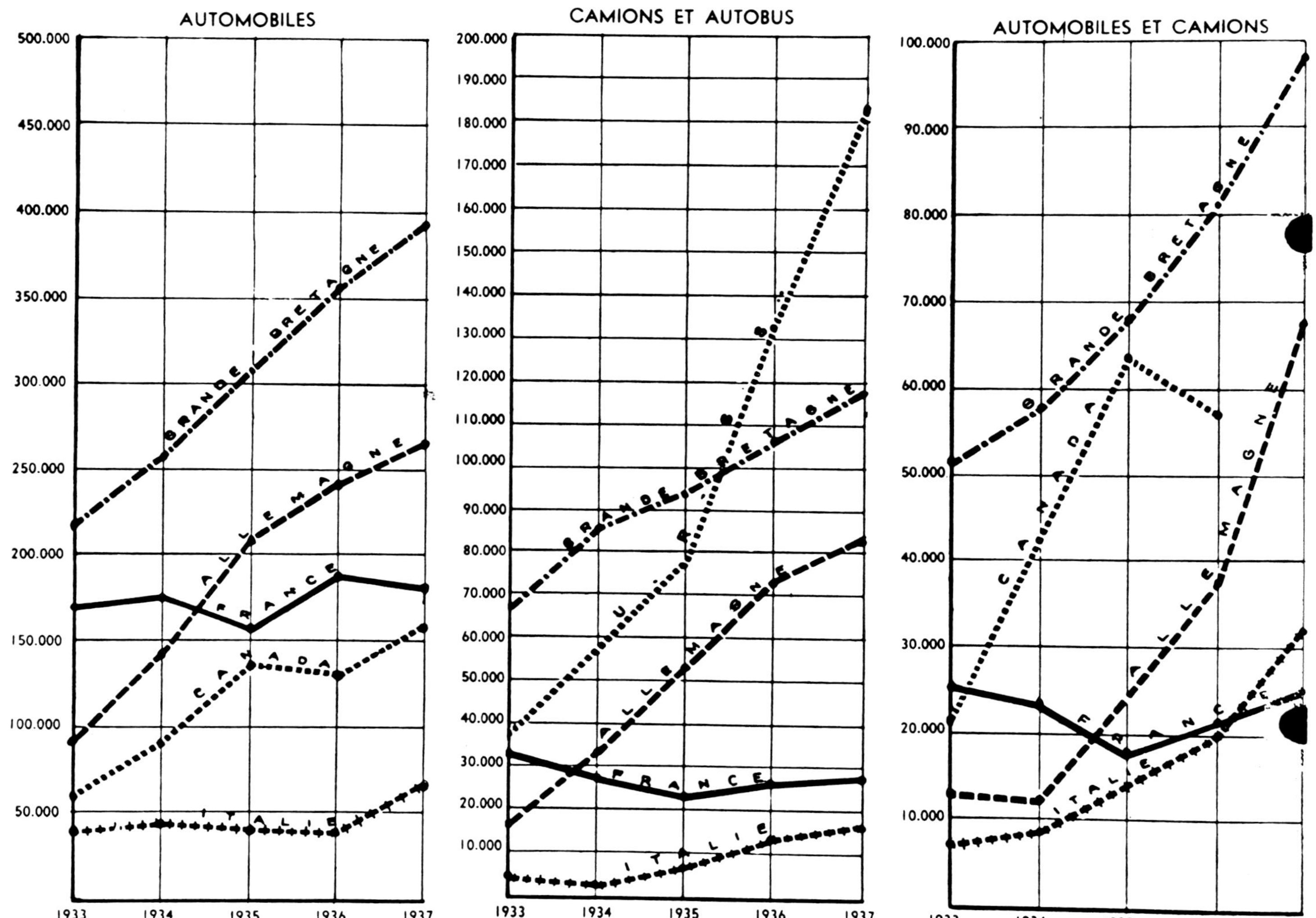

CAMIONS ET AUTOBUS EN CIRCULATION

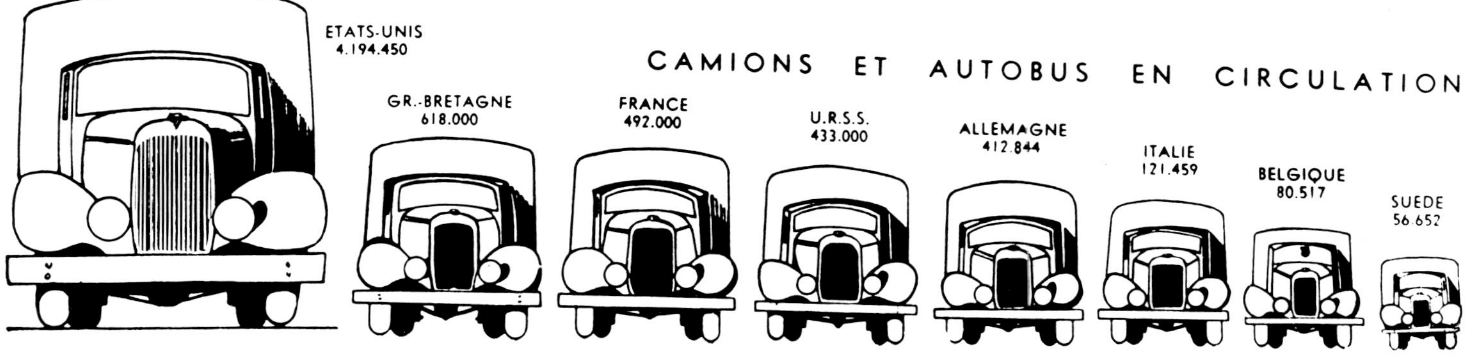

ANHANG
ANNEX

Lkw- und Omnibusproduktion verschiedener Länder 1950 und 1951
Truck/Bus production

Länder		in 1000 Stück Lkw und Omnibusse 1950	1951
Australien	Aus	2	4
Frankreich	F	100	127
Großbritannien	GB	263	259
Japan	J	30	32
Italien	I	27	26
Kanada	CAN	106	132
Rußland	USSR	435	—
Schweden	S	7	10
USA	US	1337	1430
Westdeutschland	D	90	97
Gesamt:		2397	2117

Busproduktion in der Bundesrepublik Deutschland 1945–1952
Bus production in Germany

Zeitraum		Omnibusse
1945 (ab Besetz.)		37
1946		232
1947		326
1948		853
1949		2710
1950		3814
1951		4226
1952	Januar	207
	Februar	273
	März	378
	April	357
	Mai	512
	Juni	496
	Juli	415
	August	291
	September	281
	Oktober	390
	November	319
	Dezember	411
Jan.–Dez. 1952:		4330

Kraftomnibusse (1952)
Buses in Germany (1952)

Fahrzeugtyp Type	Firma Make	Produktion in Stck. Specimen
Omnibus »Matador«	Vidal & Sohn, Hamburg	142
Omnibus M 1000	Vidal & Sohn, Hamburg	3
1–2 t Omnibus	Ford-Werke, Köln	135
1,4 t Omnibus M 1400	Vidal & Sohn, Hamburg	17
1,5 t Omnibus	Hanomag, Hannover	54
2 t Omnibus	Borgward, Bremen	74
3,5 t Omnibus	Daimler-Benz, Mannheim	1116
3,5 t Omnibus	Klöckner-H.-D., Ulm (Magirus)	349
4 t Omnibus	Borgward, Bremen	96
4–5 t Omnibus (V8)	Ford-Werke, Köln	128
4–5 t Omnibus (Diesel)	Ford-Werke, Köln	445
3–5 t Omnibus (selbsttr. Omn.-Diesel)	Ford-Drauz, Köln–Heilbronn	11
3–5 t Omnibus (selbsttr. Omn.-Diesel)	Ford-Werke – Nordwestdt. Fahrzeugbau, Köln–Wilhelmshaven	52
5 t Trambus	BÜSSING, Braunschweig	268
5 t Omnibus und Heckbus	Krauss-Maffei, München	96
4 t Leichtbus KML 90	Krauss-Maffei, München Nordwestdt. Fahrzeugbau, Wilhelmshaven	50
6 t Trambus	BÜSSING, Braunschweig	449
6,5 t Omnibus	Henschel & Sohn, Kassel	41
6,6 t Omnibus	Klöckner-H.-D., Ulm (Magirus)	9
6 t Omnibus	MAN, Nürnberg	127
Heckbus MKH	MAN, Nürnberg	53
6,5 t Omnibus	Südwerke, Essen	50
6,5 t Omnibus	Daimler-Benz, Gaggenau	330
8 t Omnibus	Faun-Werke, Nürnberg	84
8 t Omnibus	Südwerke Essen	12
12 t Dreiachs-Trambus	BÜSSING, Braunschweig	41
Omnibus RO 4000	Waggonfabrik Rathgeber, München	22
Setra-Omnibus	Kässbohrer, Ulm (Mai–Dez. 1952)	76
Kraftomnibusse zusammen:		4330

Haftpflichtversicherung für Omnibusse (Gesamtzahl der Sitz- und Stehplätze) ab 1. 1. 1953:

Plätze	Gesetzl. Deckungs-summen	Bei-träge	Plätze	Gesetzl. Deckungs-summen	Bei-träge	Plätze	Gesetzl. Deckungs-summen	Bei-träge
11	158000	511	35	350000	775	59	542000	1039
12	166000	522	36	358000	786	60	550000	1050
13	174000	533	37	366000	797	61	558000	1061
14	182000	544	38	374000	808	62	566000	1072
15	190000	555	39	382000	819	63	574000	1083
16	198000	566	40	390000	830	64	582000	1094
17	206000	577	41	398000	841	65	590000	1105
18	214000	588	42	406000	852	66	598000	1116
19	222000	599	43	414000	863	67	606000	1127
20	230000	610	44	422000	874	68	614000	1138
21	238000	621	45	430000	885	69	622000	1149
22	246000	632	46	438000	896	70	630000	1160
23	254000	643	47	446000	907	71	638000	1171
24	262000	654	48	454000	918	72	646000	1182
25	270000	665	49	462000	929	73	654000	1193
26	278000	676	50	470000	940	74	662000	1204
27	286000	687	51	478000	951	75	670000	1215
28	294000	698	52	486000	962	76	678000	1226
29	302000	709	53	494000	973	77	686000	1237
30	310000	720	54	502000	984	78	694000	1248
31	318000	731	55	510000	995	79	702000	1259
32	326000	742	56	518000	1006	80	710000	1270
33	334000	753	57	526000	1017			
34	342000	764	58	534000	1028			

Die gesetzlichen Deckungssummen können ohne Rücksicht auf die Zahl der Steh- und Sitzplätze freiwillig erhöht werden um
100000 DM für Personenschäden gegen einen Zuschlag von 10%
200000 DM für Personenschäden gegen einen Zuschlag von 15%
auf die vorstehenden Beiträge.

Insurance charts for buses in Germany, 1953. Sums in DM.

Omnibusanhänger zur Personenbeförderung:
Beitrag wie für Omnibusse, abzügl. 390,– DM.
Gesetzliche Versicherungssumme für Personenschäden 8000,– DM je Platz.

Fahrzeugversicherung für Omnibusse	Fahr-zeug-Teilver-sicherung	Fahrzeug-Vollversicherung mit 800,– Selbstbeteiligung	mit 500,–	mit 150,–	ohne
Grundbetrag	45	280	385	525	700
dazu je Platz lt. Zulassung	1	6	8,25	11,25	15
Anhänger zur Personenbeförderg.					
Grundbetrag	15	85	115	157	210
dazu je Platz lt. Zulassung	1	6	8,25	11,25	15

Hotel-, Werk- und Ersatz-Omnibusse: Anfrage bei der zuständigen Geschäftsstelle.

Omnibushersteller / Bus Manufacturers		Jaray-Lizenz seit Jaray licence since	Daten/Dates	Bemerkungen/Remarks
Aachen	Waggon-Fabrik Talbot GmbH	1935	gegr./founded 1838	
Bautzen/Sachsen	Waggon- & Maschinenfabrik AG vorm. Busch		1896–1945	
Berlin-Oberschöneweide	Büssing-NAG Vereinigte Nutzkraftwagen AG			keine Busherstellung mehr/ ceased production of buses
Berlin-Neukölln	Gaubschat Fahrzeugwerke	1935	1904–1975	
Berlin-W 35	Eisenbahn-Verkehrsmittel AG			
Bad Cannstatt (Stuttgart)	Karosseriefabrik Walter Vetter	1935	gegr./founded 1922	
Bonn	Christian Miesen Karosserie & Fahrzeugwerk			
Braunschweig	Büssing-NAG Vereinigte Nutzkraftwagen AG		1973 von M.A.N. übernommen Since 1973 M.A.N.	keine Busherstellung mehr/ ceased production of buses
Essen	Friedr. Krupp AG			keine Busherstellung mehr/
	Gebr. Ludewig GmbH		1922–1977	ceased production of buses
Frankfurt/Main	Frankfurter Maschinenbau vorm. Pokorny & Wittekind AG			
	F. K. F. Werke		gegr./founded 1911	
Gaggenau/Baden bzw. Sindelfingen	Daimler-Benz AG	1933		
Görlitz/Schlesien	Waggon- & Maschinenbau AG (WUMAG)		gegr./founded 1851	
Kassel	Henschel & Sohn			keine Busherstellung mehr/ ceased production of buses
Köln-Ehrenfeld	Peter Bauer		gegr./founded 1872	
Köln	Ford Motor Company AG			
Königsberg/Pr.	Waggonfabrik L. Steinfurt AG			
Krefeld	Waggonfabrik Uerdingen AG	1935	gegr./founded 1898	
Mainz	Westwaggon AG Werk Gastell-Mombach		1820–1953	
München	Karosseriefabrik Eugen Rupflin		1909–1969	
Niederzwehren b. Kassel	Gebr. Credé & Co.		1967 stillgelegt closed down in 1967	Unterlagen vernichtet/ documents destroyed
Nürnberg	Faun-Werke GmbH			keine Busherstellung mehr/ ceased production of buses
	Maschinenfabrik Augsburg-Nürnberg AG			Busproduktion heute in München/ Production of buses in Munich today
	Nürnberger Hercules-Werk AG			keine Busherstellung mehr/ ceased production of buses
Plauen/Vogtland	Vomag Betriebs AG		1895–1945	
Recklinghausen/Westf.	Fahrzeugwerke Recklinghausen	1935		heute Heinr. Wilh. Waggonbau- u. Vertr. GmbH + Co.
Rüsselsheim	Adam Opel AG			
Ulm/Donau	C. D. Magirus AG	1935	gegr./founded 1864	Herstellung 1982 eingest./ Production stopped in 1982
Werden/Sachsen	Fahrzeugwerk Schumann GmbH			
Wuppertal	Ackermann Fahrzeugbau		gegr./founded 1850	heute Ackermann-Fruehauf
Zittau/Sachsen	Phänomen-Werke Gustav Hiller AG			heute im IFA-Konzern unter der Marke »Robur« / Today part of IFA company, trade mark "Robur"

BIOGRAPHIEN
BIOGRAPHIES

Arquint, Hans
Begründete durch sein Patent über Stahlaufbauten (1930) den modernen Omnibusbau. Lebte in München-Pasing.

Bergmann, Oskar
Berliner Karosseriebauer, der in seiner »Schule Bergmann« um 1911 herum strömungsgünstige Karosserieformen entwickelte. Setzte sich seit dem Aufkommen des Autobahn-Gedankens wieder stark für Stromlinien-Aufbauten ein, wie es scheint, jedoch ohne großen Erfolg.

Everling, Emil August
Geboren 1880 in St. Goar. Seit 1916 an der TH Berlin. Einer der 3 Vorkämpfer des abgeschnittenen Hecks. Entwickelte 1935 einen Autobahn-Bus mit Windbremsen. Bekannt durch den Everling-Wagen 1938. Starb 1973.

Gaubschat, Fritz
Geboren 1877 in Ostpreußen. 1904 eigene Wagenbau-Werkstätte in Berlin. 1934 erster Lieferwagen in »Gebrauchsstromlinie«. Starb 1945.

Heidemann, Albert
Kam 1935 zur Karosseriefabrik Rupflin in München, für die er bis 1945 als Betriebsleiter tätig war. Gründete später eine eigene Firma. Lebt heute im Ruhestand in München.

Heyne, Hans
Seit 1928 bei der Karosseriefirma Vetter für die Erstellung der Konstruktionszeichnungen verantwortlich. Lebt heute im Ruhestand in Stuttgart.

Jaray, Paul
Geboren 1889 in Wien. Nach Studium und Luftschiffbau-Tätigkeit Patentierung des strömungsgünstigen Fahrzeuges (1921). Entwürfe für Personenwagen. Ab 1935 Entwürfe für strömungsgünstige Busse nach seinen Patenten. Starb 1974 in der Schweiz.

Kässbohrer, Otto
Maßgeblich an der Entwicklung des ersten selbsttragenden Heckmotor-Busses SETRA (1951) beteiligt.

Koenig-Fachsenfeld, Freiherr Reinhard
Geboren 1899 in Stuttgart. Technikstudium. Entwurf von Stromlinienkarosserien für Privatleute und Autowerke nach Jaray-Patenten seit 1931. Seit 1935 auch Entwürfe für Stromlinien-Omnibusse.

Arquint, Hans
With his patent on all-steel bodies (1930) he can be considered father of the modern bus concept. Lived in Munich-Pasing.

Bergmann, Oskar
Coachwork builder from Berlin, who developed streamline body shapes in his "Schule (school) Bergmann" around 1911. With the advent of the motorways he strongly supported streamlining for coachwork but, it appears, without success.

Everling, Emil August
Born in St. Goar in 1880. At the technical university of Berlin from 1916 onwards. One of three pioneers of the cut-off rear. Developed a motorway bus with wind brakes in 1935. Famous for his Everling vehicle of 1938. Died in 1973.

Gaubschat, Fritz
Born in Eastern Prussia in 1877. Own coachwork firm in 1904 in Berlin. First delivery van with "utility streamline" in 1934. Died in 1945.

Heidemann, Albert
Joined the coachwork firm Rupflin in Munich in 1935 and managed the firm until 1945. Founded his own firm later. Retired, lives in Munich.

Heyne, Hans
Was responsible for all design work at the coachwork firm Vetter from 1928 onwards. Retired, living in Stuttgart.

Jaray, Paul
Born in Vienna in 1889. On completion of his studies worked on airship construction. He patented the streamline vehicle (1921). Designs for passenger cars. From 1935 onwards designed streamlined buses according to his patents. Died in Switzerland in 1974.

Kässbohrer, Otto
Played a large role in the development of the first integral body for a rear engine bus, the SETRA (1951).

Koenig-Fachsenfeld, Reinhard
Born in Stuttgart in 1899. Studied engineering. Designed streamline bodies for private individuals and car firms in accordance with Jaray's patents from 1931 onwards. From 1935 also involved in the design of streamline buses.

Luchterhand, Helmuth
Aufbauten-Konstrukteur in der väterlichen Firma von Luchterhand & Freytag in Berlin. Fertigte Detail-Zeichnungen für den Rumpler-Lieferwagen des Hauses Ullstein an (1931). Lebt in Berlin.

Ludewig, Josef
Ingenieur. Gründete 1922 zusammen mit seinem Bruder Rudolf eine Karosseriewerkstatt. War verantwortlich für die aerodynamische Linie der »Aero«-Busse aus Essen. Starb vor einigen Jahren.

Offelsmeyer
Stylist. War 1931 am Entwurf des Rumpler-Lieferwagens für den Ullstein-Verlag beteiligt. Haupttätigkeit auf dem Personenwagen-Sektor.

Vetter, Walter
Geboren 31. 8. 1896 in Stuttgart. Gelernter Import-Kaufmann. Nach dem 1. Weltkrieg Tätigkeit in einer Karosseriefabrik. Eigene Firma am 1. 1. 1922 gegründet. Setzte sich früh für Stromlinien-Aufbauten ein. Erwarb als Bus-Karossier großes Renommée. Starb 1972.

Wirth, Dr.
Technischer Direktor bei Krauss-Maffei. Wirth, Oberingenieur Heinrich Heinz und Konstruktionsleiter Franz Barth waren für die Busherstellung von Krauss-Maffei verantwortlich.

Zeeden, Walter
Stammte aus Mitteldeutschland. Ingenieur-Studium, Kunst-Studium. Lebte in Garmisch. Als freier Mitarbeiter Vorschläge für das Styling des Krauss-Maffei-Leichtbus-Prototyps. Illustrierte insbesondere Lokomotiven. Verstarb in den 60er Jahren.

Luchterhand, Helmuth
Coachwork designer in his father's firm, Luchterhand & Freytag, Berlin. Drafted detailed drawings for the Rumpler delivery van for Ullstein (1931). Lives in Berlin.

Ludewig, Josef
Engineer. Founded a coachwork firm together with his brother Rudolf in 1922. Was responsible for the aerodynamics of the "Aero" bus of Essen. Died a few years ago.

Offelsmeyer
Stylist. Participated in the design of the Rumpler delivery van for the Ullstein publishing company in 1931. Mainly worked in the field of passenger vehicles.

Vetter, Walter
Born in Stuttgart on 31. 8. 1896. Import-merchant. Worked in coachwork firm after First World War. Founded his own firm on 1. 1. 1922. Early advocate of streamline bodies. Made a name for himself as builder of bus bodies. Died in 1972.

Wirth, Dr.
Technical director of Krauss-Maffei. Wirth, senior engineer Heinrich Heinz and design manager Franz Barth were responsible for the bus production at Krauss-Maffei.

Zeeden, Walter
Came from central Germany. Studied engineering and art. Lived in Garmisch. Consulting work for Krauss-Maffei in the styling of the lightweight bus prototypes. Mainly illustrated locomotives. Died in the sixties.

Danksagung

Die Abbildungen entstammen dem Archiv des Autors. Informationen und/oder Abbildungen für dieses Buch stellten freundlicherweise zur Verfügung:

Freiherr Reinhard Koenig-Fachsenfeld, Fachsenfeld
Hans Heyne, Stuttgart
Helmuth Luchterhand, Berlin
Ing. Erik Eckermann, Seeshaupt
Dipl.-Ing. Rupert Stuhlemmer, Berlin
Herr Hufschläger, Archiv Krauss-Maffei, München
Karl Kässbohrer Fahrzeugwerke GmbH, Frau Langner, Ulm
Dr. Hausen, Historisches Archiv der MAN AG, München
Alfred B. Gottwaldt, Frankfurt/M.
Ackermann Fruehauf Corp. & Co. OHG, Wuppertal
Sammlung Dipl.-Ing. K. H. Buchholz, Nürnberg

Acknowledgements

Illustrations are from the author's archives. Information and/or illustrations for this book by the friendly permission of::

Freiherr Reinhard Koenig-Fachsenfeld, Fachsenfeld
Hans Heyne, Stuttgart
Helmuth Luchterhand, Berlin
Ing. Erik Eckermann, Seeshaupt
Dipl.-Ing. Rupert Stuhlemmer, Berlin
Mr. Hufschläger, Archives Krauss-Maffei, Munich
Mrs. Langner, Karl Kässbohrer Fahrzeugwerke GmbH, Ulm
Dr. Hausen, Historical Archives of MAN AG, Munich
Alfred B. Gottwaldt, Frankfurt/M.
Ackermann Fruehauf Corp. & Co. OHG, Wuppertal
Sammlung Dipl-Ing. K. H. Buchholz, Nürnberg

Literatur

Autobus aerodinamici per autostrade. In Motor Italia, April 1935, S. 32ff.

Autobus per Autostrade. In Motor Italia, April 1937, S. 21/24.

Brown, L. H., Streamlining for economy. In Autom. Ind., 4. 7. 1936.

Brown, L. H., Economies of streamlining in heavy transportation. Paper presented at the Semi Annual Meeting of the SAE, 1. 6. 1936.

Continental Coachwork ... in The Automobile Engineer, April, 1936, S. 157/158.

Fauner, W. E., Autobahn Wagen. In NKZ 28. 2. 1935, S. 219/221.

R. Koenig-Fachsenfeld, Aerodynamik des Kraftfahrzeugs, Bd. I + II, 1951; Bd. III + IV.

R. Koenig-Fachsenfeld, Windkanalversuche an Omnibusmodellen. In Motor Kritik 7/1936, S. 264/268.

R. Koenig-Fachsenfeld, D. Rühle, A. Eckart, M. Zeuner, Windkanalmessungen an Omnibusmodellen. In ATZ 6/1936, S. 143/150.

R. Koenig-Fachsenfeld, Formgebung von Stromlinienomnibussen. In Deutsche Fahrzeugtechnik 9/10, 1936, S. 94/98.

R. Koenig-Fachsenfeld, Strömungsvorgänge an Omnibussen. In NKZ 27/1936, S. 653/655.

R. Koenig-Fachsenfeld, Luftkräfte am Kraftfahrzeug. In Deutsche Fahrzeugtechnik 21/22, 1936, S. 218/222.

Kother, Dr.-Ing. habil., Der Kraftomnibus. Als Manuskript gedruckt 1950.

Kühner, K., Fahrwiderstand und Leistungsbedarf geländegängiger Kraftfahrzeuge. In Z-VDI 8/1938, S. 177/186.

Kuipers, J. F. J., Buses on the Continent 1898–1976, 1977.

Luftströmungsuntersuchungen am Wohnanhänger. In AAZ 25/1940, S. 436/438.

Luftwiderstandsmessungen und Strömungsuntersuchungen an dem Modell eines Reichsbahnomnibusses. In ATZ 21/1940, S. 550/551.

Schröder, Schnellreisewagen für die Reichsautobahn. In Rundschau Techn. Arbeit 37/1936, S. 7.

Schwitzer, L., Trucks offer fertile field for streamlining. In Autom. Ind. 23. 6. 1934, S. 777.

Streamlining conventional goods vehicles. In The Commercial Motor, London 27. 4. 1934.

Vogelpohl, G., Versuche mit Kraftfahrzeugmodellen in Windkanälen. In Rundschau Techn. Arbeit 37/1935, S. 3.

Wehner, B., Die Bedeutung des Omnibusverkehrs auf der Reichsautobahn. In Die Straße 9/1939, S. 289/291.

Woltereck, H., Autobusse für Autobahnen. In Braunschweigische Landes-Zeitung, 20. 6. 1935.

Zwilling W. und K. Fischer, Schnellomnibusverkehr auf den Reichsautobahnen. In Verkehrstechnik 4/1939, S. 79/82.

Reichspatentamt
PATENTSCHRIFT
Nr. 694651
Klasse 63c Gruppe 43/70
S 138557 II/63c

Hans Berger in Rothschwaige
ist als Erfinder genannt worden.

Sport Berger Werk Hans Berger in Rothschwaige
Fahrzeugaufbau aus ebenen elastischen, jedoch nicht verformbaren Platten, insbesondere für einachsige Wohnanhänger in Stromlinienform

Patentiert im Deutschen Reiche vom 8. September 1939 ab. Patenterteilung bekanntgemacht am 11. Juli 1940

Patentansprüche:
1. Fahrzeugaufbau aus ebenen elastischen, jedoch nicht verformbaren Platten, insbesondere für einachsige Wohnanhänger in Stromlinienform, dadurch gekennzeichnet, daß die den Vorderteil (1) und die Seitenwände (2, 3) des Aufbaues bildenden Platten um senkrechte Achsen gebogen sind, während das Dach (4) und der Hinterteil (5) des Aufbaues aus Platten bestehen, die um waagerechte Achsen gewölbt sind, und beide Plattenanordnungen an ihren Außenkanten miteinander verbunden sind.
2. Fahrzeugaufbau nach Anspruch 1, dadurch gekennzeichnet, daß der Vorderteil (1) sowie die Seitenwände (2, 3) und ferner das Dach (4), der Hinterteil (5) und der Fußboden (6) je aus einer einzigen Platte bestehen.

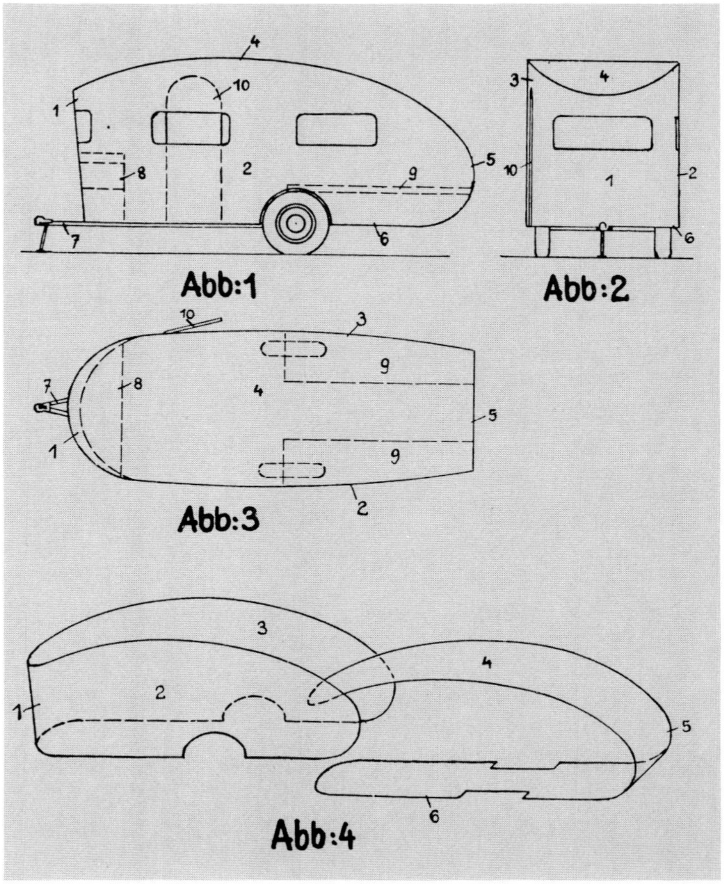

Die Dynamik des Leichentransportwesens läßt es zweckmäßig erscheinen, auch hier die Stromlinienform einzusetzen.

The dynamics of hearses made it desirable to apply the streamline here too.

REGISTER
INDEX

Firmen / Institute

Personen / Persons

Technisches / Technics